岛谜题

玩出来的逻辑思维

图书在版编目（CIP）数据

玩出来的逻辑思维．岛谜题／康思谜题编著．—北京：知识产权出版社，2019.5
ISBN 978-7-5130-6099-8

Ⅰ．①玩… Ⅱ．①康… Ⅲ．①逻辑思维－思维训练－青少年读物 Ⅳ．①B80-49

中国版本图书馆 CIP 数据核字（2019）第 029650 号

内容提要

本书重点介绍了岛谜题的规则和基本的解题方法，精选了不同难度的练习题，便于爱好者上手，一学就会。除本书习题外，还通过"康思谜题"网站及专属 APP 为读者提供相应的习题，共约 1000 道。同时我们还提供了网站、论坛、微信和微博等多种方式让读者与作者有更好的交流。在本书的最后一章收集了有利于培养专注力和逻辑思维能力的益智谜题——井格谜题。全书题目均配有答案。本书适合 8~99 岁各个年龄段的爱好者，提高逻辑思维能力，培养数学兴趣，亲子共读，成就最强大脑。

责任编辑：李小娟　　　　　　　　责任印制：刘译文

玩出来的逻辑思维　岛谜题
WANCHULAI DE LUOJI SIWEI DAO MITI
康思谜题　编著

出版发行：知识产权出版社有限责任公司		网　　址：http://www.ipph.cn	
电　　话：010-82004826			http://www.laichushu.com
社　　址：北京市海淀区气象路 50 号院		邮　　编：100081	
责编电话：010-82000860 转 8531		责编邮箱：lixiaojuan@cnipr.com	
发行电话：010-82000860 转 8101		发行传真：010-82000893	
印　　刷：三河市国英印务有限公司		经　　销：各大网上书店、	
开　　本：880mm×1230mm　1/32		新华书店及相关专业书店	
版　　次：2019 年 5 月第 1 版		印　　张：3.875	
字　　数：144 千字		印　　次：2019 年 8 月第 2 次印刷	
ISBN 978-7-5130-6099-8		定　　价：29.00 元	

出版权专有　侵权必究
如有印装质量问题，本社负责调换。

前 言

　　谜题是一种好玩的益智休闲游戏，风靡世界数十载，世界各地每年都有大大小小的各类谜题比赛。例如，世界谜题锦标赛已连续举办了 29 年。常玩谜题，可以健脑益智。尤其是可以提高孩子的逻辑思维能力和数字学习能力等。上海师范大学心理系教授从几个维度分析了谜题与智商的关系，认为它和智力相关，即谜题涉及到数个重要的认知功能：如感觉、知觉、注意、记忆、思维能力、创造力……而这些都是智力重要的组成部分。经过对数学学习与智力之间关系长期的研究，发现数学学不好，在智力上其实有不同的成因。有些孩子计算能力不行，尤其是中央执行控制能力和语音能力，前者控制注意力，抵制外界干扰，后者指的是语音记忆能力密切相关。例如，将一串听到的数字倒过来复述，这些孩子就有困难。有些孩子几何学得不好，原因则是视觉空间能力上的缺陷，主要是方位记忆能力差。

　　谜题在这两种能力上都有涉及，而这两种能力与学业智力有高度相关性。此外，谜题还和智力中的工作记忆系统有关。谜题与智力中的逻辑思维能力关系则更加紧密。而智力的核心就是思维能力，其中包括发散思维、逻辑思维等，而推理能力是逻辑思维的体现。所以，玩谜题，可以潜移默化地训练一个人上述的几种智力因素，提高思维能力和数学学习能力。

"玩出来的逻辑思维"系列图书是由世界领先的谜题设计及发布公司——康思谜题从全世界100多个国家的数百万谜题爱好者的大数据中甄选出的最欢迎的6种谜题集结成书，分别是《岛谜题》《战舰谜题》《数独谜题（上）》《数独谜题（下）》《井格谜题》《数和谜题》和《填方块谜题》。每本书中不仅设置了不同难度的题目和答案，还针对书中的题目编写了有针对性的解题方法，爱好者更容易上手，一学就会。

康思谜题（Conceptis Ltd.）是世界上领先的逻辑谜题出版商和逻辑游戏提供商。康思谜题每年为全世界100多个国家数以百万的谜题爱好者创造出超过25000道新的逻辑谜题。每天有超过2000万道的康思谜题在全世界的报纸、杂志、图书、在线网络及智能手机、平板电脑上被爱好者解出。截至 2018 年年底，康思谜题已出品超过 18 款逻辑谜题，内容包含图形逻辑谜题和数字逻辑谜题，是广大谜题爱好者最喜欢也是出品电子谜题种类最多、最专业的谜题公司。康思谜题致力成长为谜题内容最优质的提供者，将逻辑谜题的快乐带给每一位喜欢脑力挑战的爱好者，将游戏的快乐融入到教育之中。

"玩出来的逻辑思维"系列图书是一套关于玩的书，在玩中培养数学兴趣，激发无限潜能，释放天性，更是一套适合亲子共读的书籍。

玩出来的逻辑思维
目录 /CONTENTS

第一章 岛规则及解题方法介绍 /001

第二章 岛练习题及答案 /013

　　8×8 练习题及答案 /014

　　9×9 练习题及答案 /059

　　10×10 练习题及答案 /074

　　14×14 练习题及答案 /089

第三章 井格练习题及答案 /105

第一章

岛规则及解题方法介绍

一、规则

　　岛是由一个矩形框及若干个圆圈组成，每个圆圈代表一个独立的岛，圆圈内的数字表示有几个桥连接此岛。岛的目的是按照圆圈内的提示数字将所有的岛水平或者垂直连接起来，且在任意方向上，有一个或者两个桥。桥不能跨接其他桥或者岛，游戏结束后，所有岛需相互连接，从一个岛可任意到达另一个岛（图1和图2）。

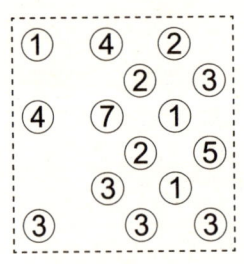

图1 岛例题

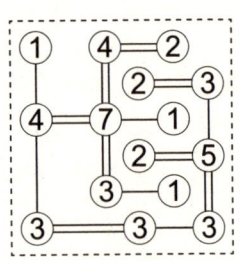

图2 岛答案

二、解题方法

1. 入门技巧

　　大部分岛中，尤其是简单的题目，有一些特别的岛，这些岛包含一眼就能发现的解题步骤，如岛中的提示数是连接到此岛上的桥数的最大可能值，以及有些岛中没有提示数字，在解题的初期可不用考虑这些岛。

　　在题目中，提示数所在的岛只有两个邻岛，并且与每一个邻岛最多相连两个桥。如图3所示，提示数字为"4"的岛需要与其两个邻岛中的每一个岛都建立两个桥。同样地，提示数字为"6"的岛必须与其三个邻岛中的每一个岛都建立两个桥；提示数字为"8"的岛必须与其四个邻岛中的每一个岛都建立两个桥。如图 4 所示，当岛上已经连接的桥数量与其提示数字相同时，可以在提示数上标记 X。

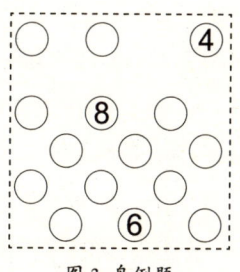

图 3 岛例题

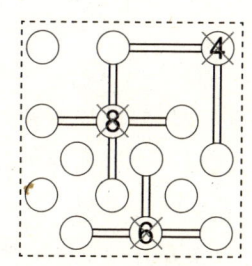

图 4 岛例题答案

2. 基本技巧

在运用基本技巧解题时，不一定总能完成一个岛所有桥的连接，但是可以确定哪个方向有必要建立一个或者两个桥。

（1）只有一个邻岛的岛屿。如图 5 所示，在提示数字为"1"的岛中，只有一个与之相邻的岛在其右侧，这也就意味着只能在这两个岛之间建立一个桥。同样地，在提示数字为"2"的岛中，只有一个与之相邻的岛在其下方，这也就意味着在这两个岛之间只能建立两个桥。如图 6 所示，

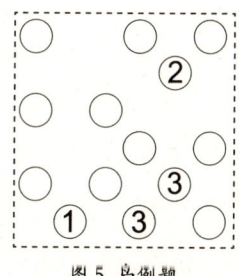

图 5 岛例题

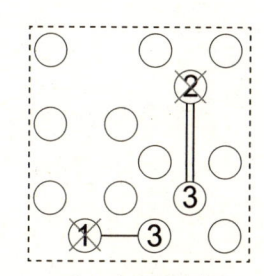

图 6 岛例题答案

提示数字为"1"的岛及提示数字为"2"的岛已经完成桥的连接，可以给它们标记 X。只有一个邻岛的提示数字不可能是"3"或者大于"3"的数字。

（2）提示数字为"3"的岛、提示数字为"5"的岛及提示数字为"7"的岛之一。如图7所示，提示数字为"3"的岛只有两个邻岛，也就是说，该岛与其中一个邻岛的连接是一个桥而与另外一个岛的连接则是两个桥。尽管不能确定该岛与哪一个邻岛连接是两个桥，但是我们可以确定该岛与其邻岛都需要建立至少一条连接。如图7和图8所示，提示数字为"5"的岛可以与其相邻的三个岛至少建立一条连接；提示数字为"7"的岛可以与其相邻的四个岛至少建立一条连接。

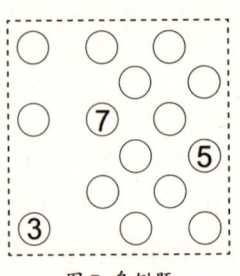

图7 岛例题

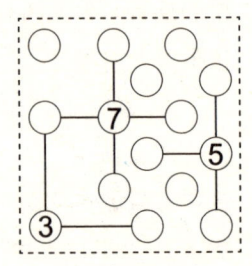

图8 岛例题答案

（3）提示数字为"3"的岛、提示数字为"5"的岛及提示数字为"7"的岛之二。详见图9所示，提示数字"3"并且邻岛中有一个提示数字"1"，根据图形所示，与数字"3"相邻的岛有两个，而且其中一个岛的提示数字为1，因此与另外一个岛相连的桥数量为2，如图10所示，将提示数字为"3"的岛右侧的岛用一个桥相连，将其顶端的岛用两个桥相连。同样的逻辑还可应用在位于边缘上提示数字为"5"的岛及位于中间提示数字为"7"的岛（有一个邻岛提示数字为"1"）。

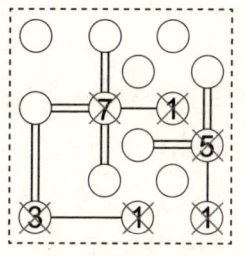

图 9 岛例题

图 10 岛例题答案

（4）提示数字为"4"的岛屿。如图 11 所示，提示数字为"4"的岛虽然不在题目边缘上，但是因为它只有三个方向有邻岛，所以可以假设它在题目边缘上。由于在同一个方向不能建立超过两个桥，为了满足这个条件，提示数字为"4"的岛可以画出与该岛相连的四个桥。如图 12 所示，提示数字为"4"的岛与上面的岛相连一个桥，与两边的岛各连接一个桥。

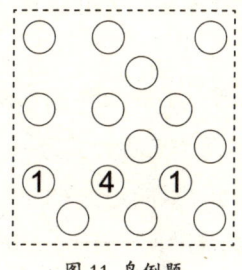

图 11 岛例题

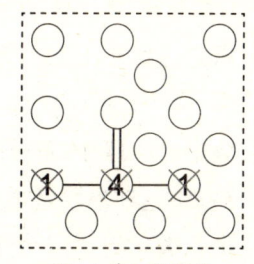

图 12 岛例题答案

（5）提示数字为"6"的岛。如图 13 所示，假设提示数字为"6"的岛和提示数字为"1"的邻岛相连，那么还剩下五个桥需要与此岛连接，又因为其周边只有"A""B"和"C"三个岛，也就是意味着岛"A""B"和"C"与提示数字为"6"的岛至少建立一条连接。假设提示数字为"6"的岛不与提示数字为"1"的邻岛相连，那么它必须与岛"A""B"和"C"中间都建立两个桥。因此，不管提示数字为"6"的这个岛和提示数字为"1"的邻岛是否连接，它都会和岛"A""B"和"C"建立至少一条连接（见图14）。

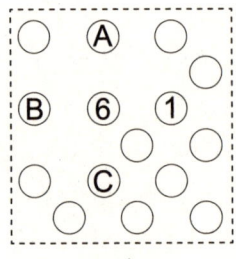

图13 岛例题

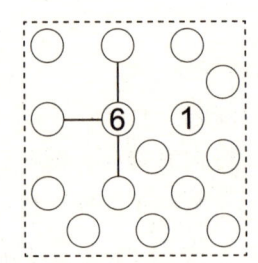

图14 岛例题答案

3.隔离技巧

在岛中，所有的岛都是相互连接的，并且从一个岛可以到达另外任意一个岛。

（1）**两岛隔离**。如图15所示，如果将相邻两个提示数字为"1"的岛相连，那么这两个岛将会成为一个孤立的岛段，这在岛中是不允许的。因此，只能是另外的一种可能，提示数字为"1"的岛与旁边的岛"A"相连。同样，在图16中，提示数字为"2"的岛不能和它右边同为提示数字为"2"的岛建立两个桥的连接，这也就意味着它与岛"B"

必须建立至少一个桥的连接。

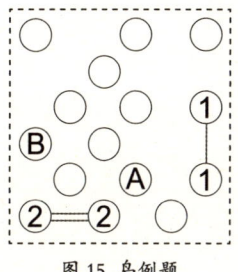

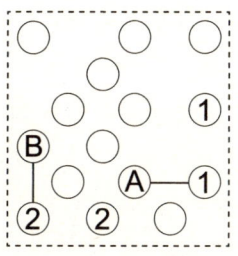

图 15 岛例题　　　　图 16 岛例题答案

（2）**三岛隔离**。如图 17 所示，提示数字为"2"的岛，不能按图中所示建立两个桥的连接，因为这样隔离出了一个孤立的岛段"1-2-1"，这也就意味着，提示数字为"2"的岛与岛"A"至少建立一个桥的连接。同样地，如图 17 所示，提示数字为"3"的岛不能建立如图所示桥的连接，因为这样就隔离出了一个孤立的岛段"1-3-2"，这也就意味着，提示数字为"3"的岛与岛"B"至少建立一个桥的连接（见图 18）。

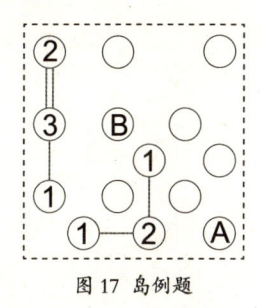

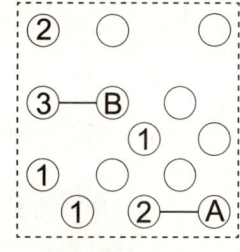

图 17 岛例题　　　　图 18 岛例题答案

（3）**岛段与单独岛相连后隔离**。解岛时，如果有较长的岛段，那么可能出现孤立岛的情况，这种情况非常难发现。

如图 19 所示，这个岛段由七个岛组成，其中的六个岛已经完成桥的连接，只有提示数字为"3"的岛有一个桥还需搭建。如果我们依照灰线所示，将其连接到左上角的岛，那么这个岛段将会与其他岛隔离。因此，我们必须按照图 20 中所示，将其连接到提示数字为"5"的岛上。

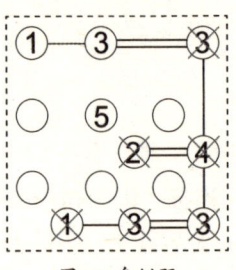

图 19 岛例题

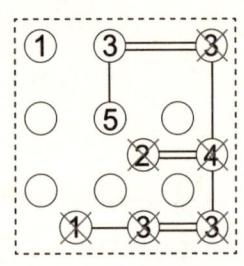

图 20 岛例题答案

（4）**岛段与岛段相连后隔离**。如图 21 所示，有两个岛段，其中一个岛段由四个岛组成（图中标记为提示数字为"6""2""3""1"的区域），并且除提示数字为"6"的岛外，其余三个岛都顺利完成桥的连接。另外一个岛段由八个岛组成（图中标记为提示数字为"3""2""2""4""3""3""2""1"的区域），

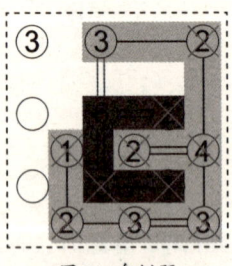

图 21 岛例题

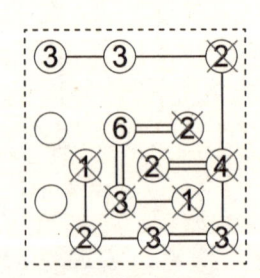

图 22 岛例题答案

并且除提示数字为"3"的岛外，其余岛也已经顺利完成桥的连接。在这两个岛段中，只有两个桥需要搭建。如果我们按照图21中灰线所示，将两个岛段之间建立两条桥的连接，那么将得到一个很长的孤立的岛段。因此，可以推断出，我们必须与题目中第一行最左侧的岛建立至少一条桥的连接（见图22）。

4. 高级技巧

在运用高级技巧时，我们需要假设一种情况，并分析其随后可能存在的逻辑冲突点。大多数高级技巧都应用了递推的方法，即假设一种连接方式，然后检查下一步或者下两步后是否会发生矛盾。

（1）**隔离岛段之断桥法**。如图23所示，假设"x"所示的方向没有桥，那么如图24所示，这五个岛将会连接起来，形成隔离的岛段。因此，如图25所示，将题中数字为"4"的岛与上面的岛建立至少一个桥的连接。

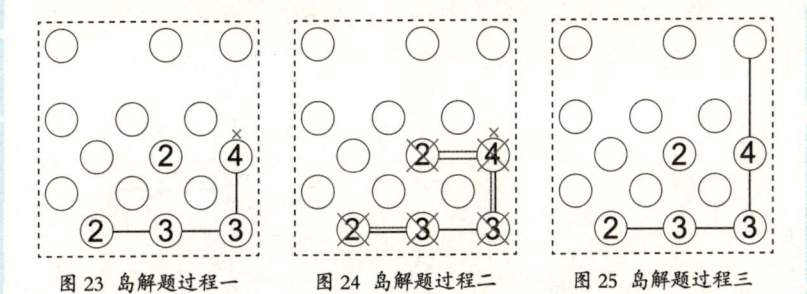

图23 岛解题过程一　　图24 岛解题过程二　　图25 岛解题过程三

（2）**隔离岛段之补桥法**。如图26和图27所示，在最上面的一行中，假设第二个桥的连接与提示数字为"2"的岛相连的桥被补在了提示数字"2"的右面，那么这六个岛将会形成一个独立的岛段，如图27所示。因此，如图28所示，题目第一行中提示数字为"2"的岛需向左边建立一个桥与其左侧的岛相连，同时向右再建立一个桥与其右侧的岛相连。同样地，在谜题左下角数字为"2"的岛必须连接到其上面的岛屿。

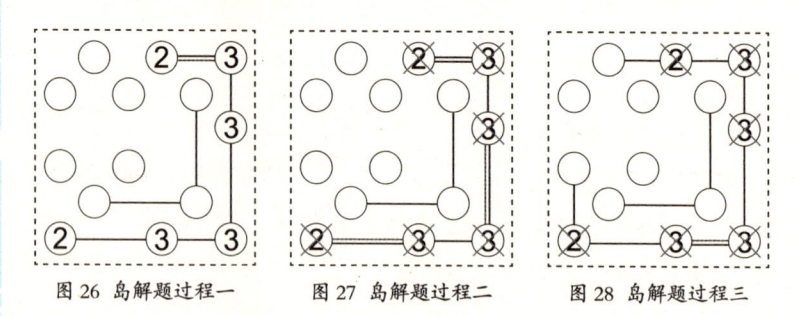

图26 岛解题过程一　　图27 岛解题过程二　　图28 岛解题过程三

（3）**隔离岛之建桥法**。如图29所示，在提示数字为"2"的岛中，假设灰"x"所示此方向没有建立桥，那么与这个岛相连的两个桥将会按照图30所示连接，然而，这会导致提示数字为"1"的岛被孤立，因为桥无法交叉。因此，按照图31所示的方式，将提示数字为"2"的岛向正下方建立一个桥。

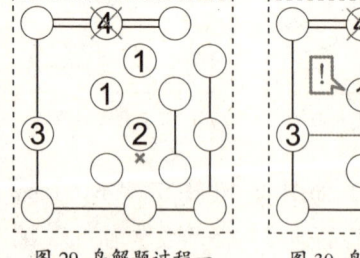

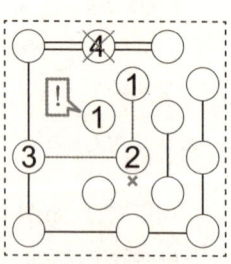

图29 岛解题过程一　　图30 岛解题过程二　　图31 岛解题过程三

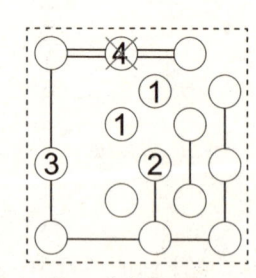

（4）**创建矛盾连接**。如图 32 所示，提示数字为"1"的岛可以通过两个方向连接。假设这个岛连接到第二行最右侧的岛后，因为桥不能交叉的缘故，就形成了四个岛的岛段，如图 33 所示，这时该岛段中提示数字为"2"的岛仍然需要一个桥建立连接，但是此时已经无处可搭建桥，这就形成了矛盾冲突。因此，如图 34 所示，第二行中提示数字为"1"的岛需连接到提示数字为"2"的岛。

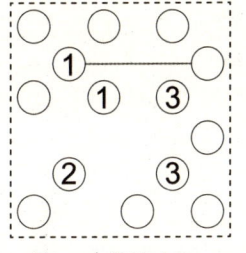

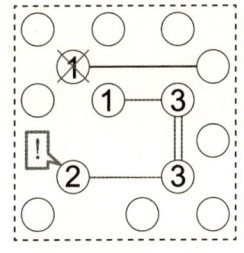

图 32 岛解题过程一　　图 33 岛解题过程二　　图 34 岛解题过程三

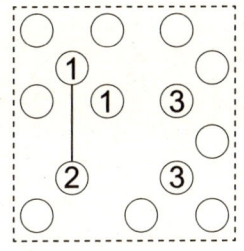

第二章

岛练习题及答案

001

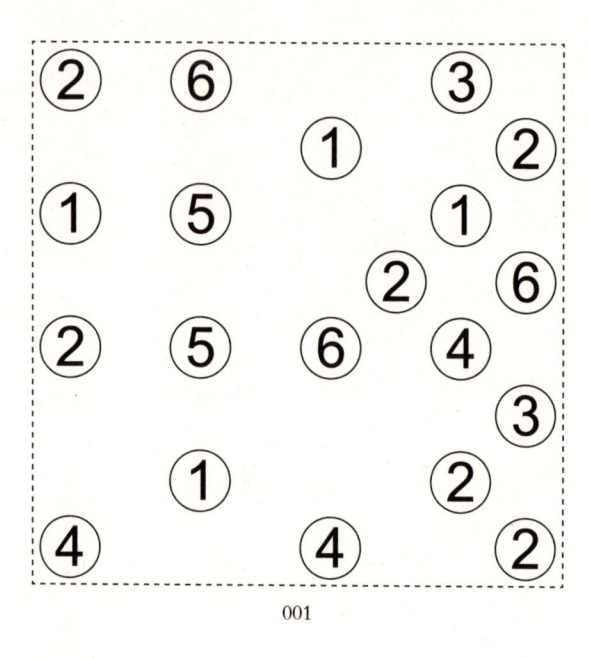

卡点小提示：

观察题目顶端的数字6和位于右端的数字6。因为其位置原因，上述的两个数字6只能向三个方向搭建桥梁，且每个方向都至少应有两个桥。

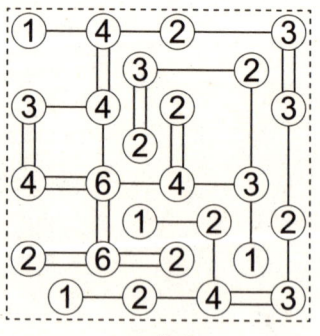

044 答案

002

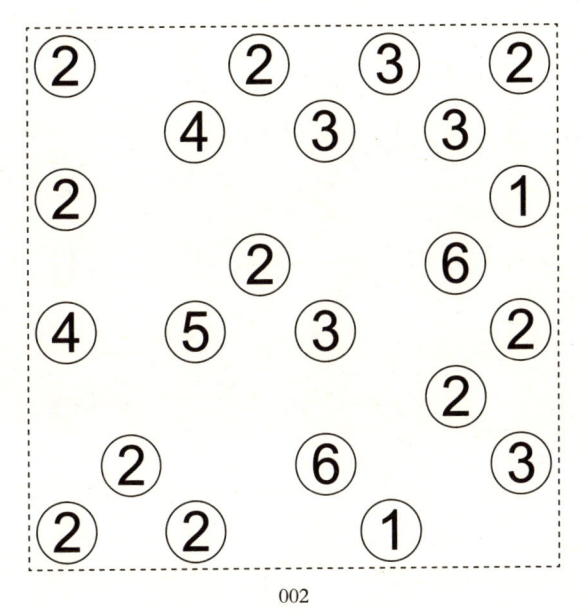

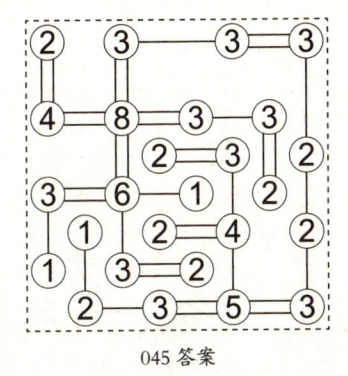

045 答案

卡点小提示：

观察题目靠近右端的数字6和靠近底端的数字6。因为其位置原因，上述的两个数字6只能向三个方向搭建桥梁，且每个方向都至少应有两个桥。

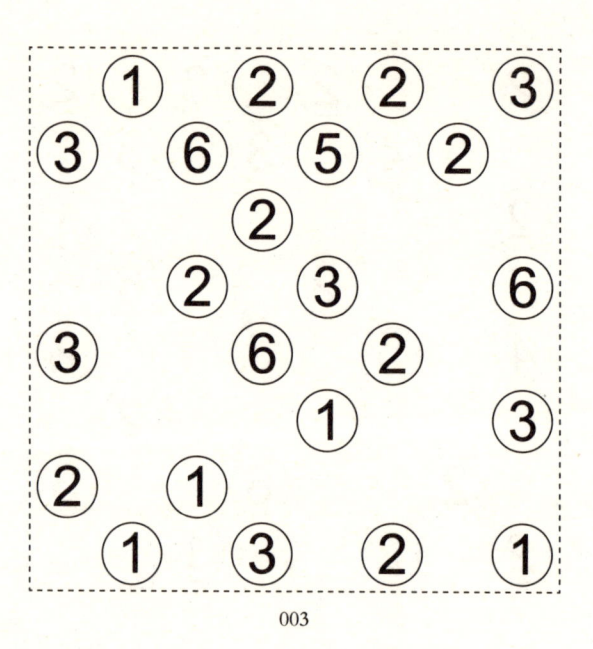

003

卡点小提示：

观察题目靠近顶端的数字6和右端的数字6。因为其位置原因，上述的两个数字6只能向三个方向搭建桥梁，且每个方向都至少应有两个桥。

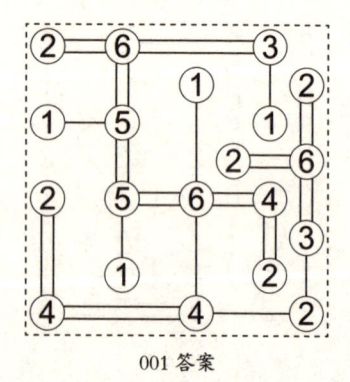

001 答案

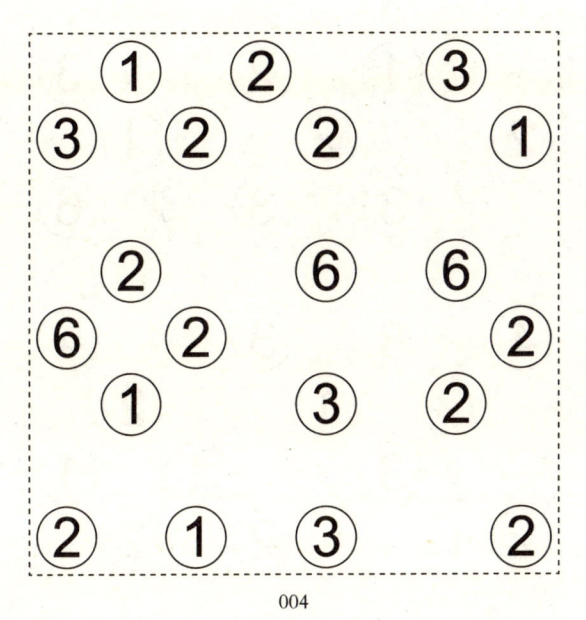

004

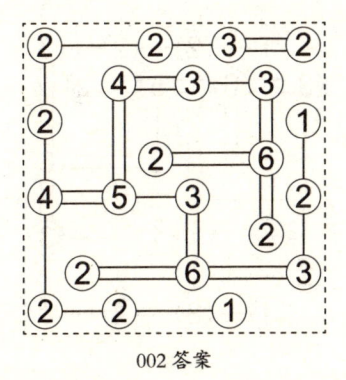

002 答案

卡点小提示：

观察题目左端的数字6和靠近右端的数字6。因为其位置原因，上述的两个数字6只能向三个方向搭建桥梁，且每个方向都至少应有两个桥。

005

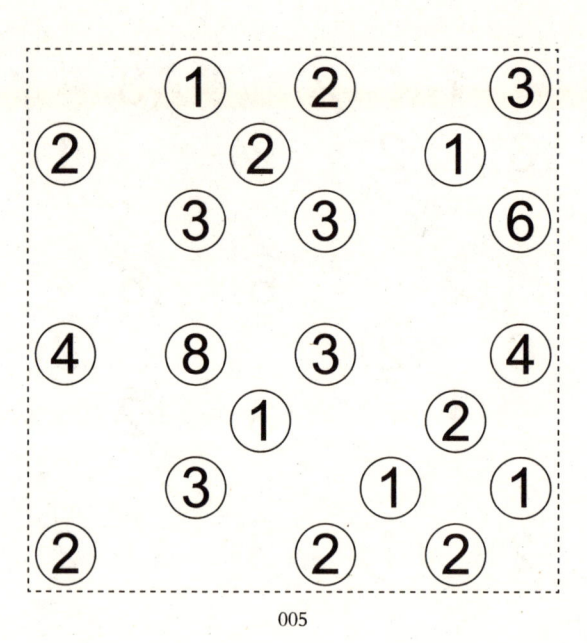

卡点小提示：

提示数字为8的岛，需包含四个方向，且每个方向应搭建两个桥。

003 答案

006

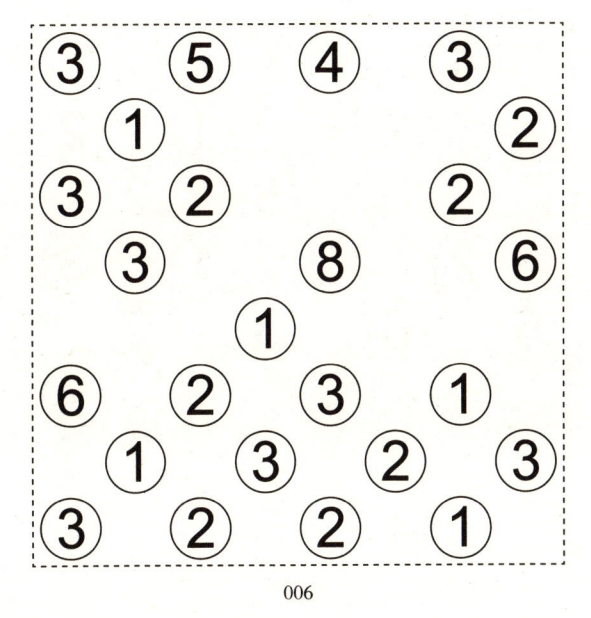

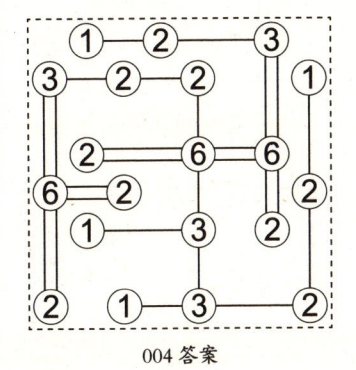

004 答案

007

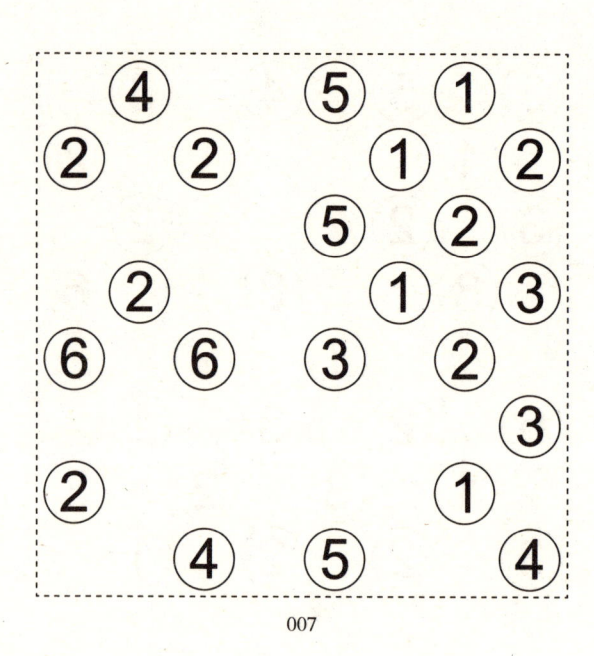

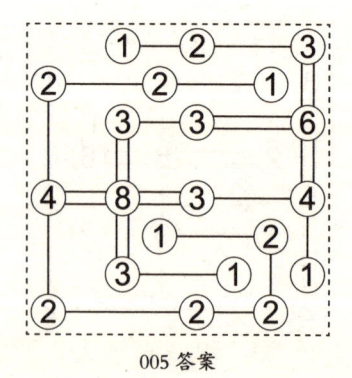

005 答案

008

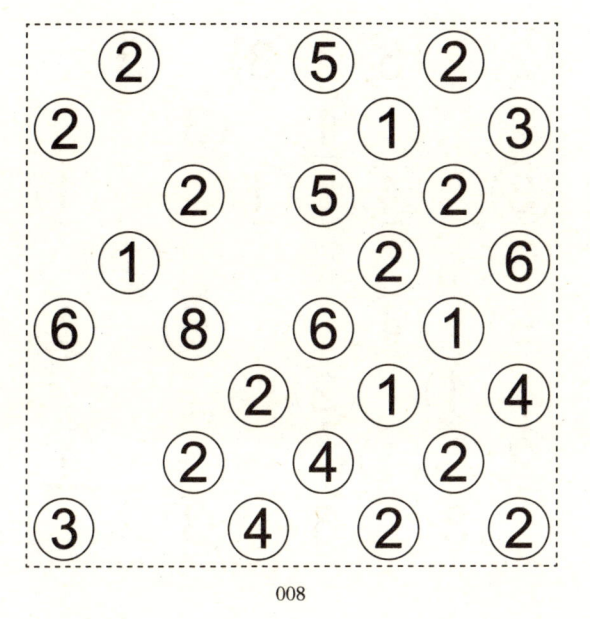

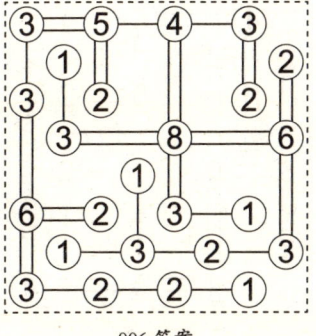

006 答案

009

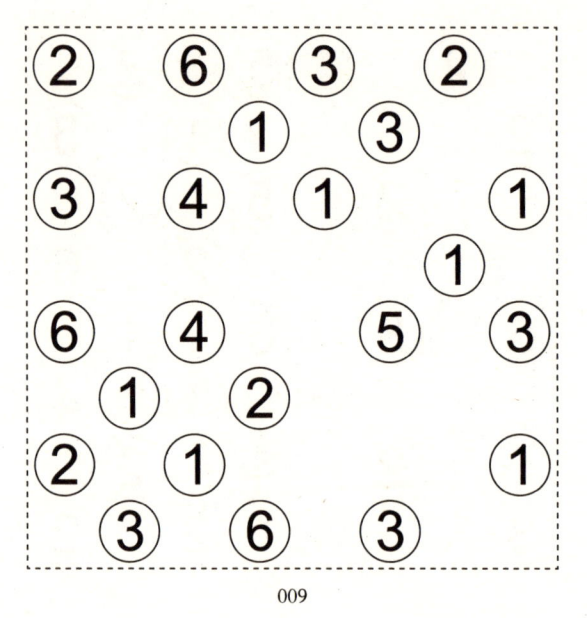

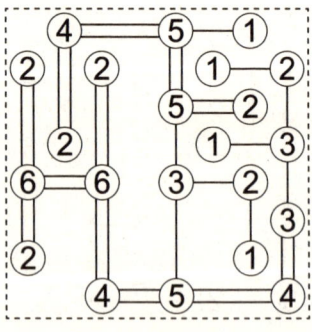

007 答案

玩出来的逻辑思维 岛谜题
022

010

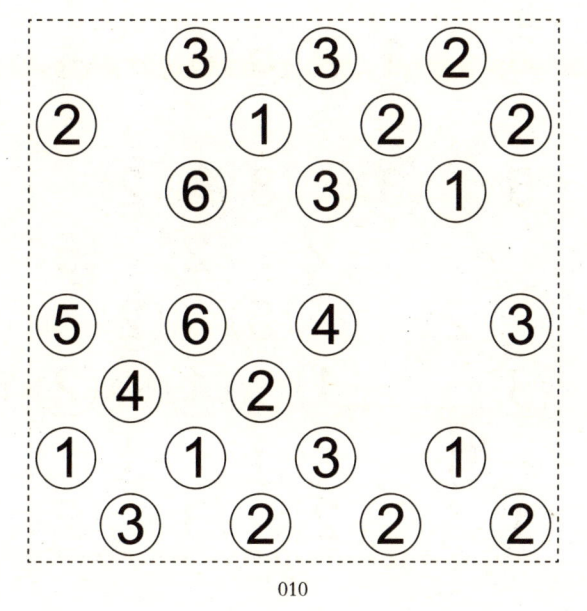

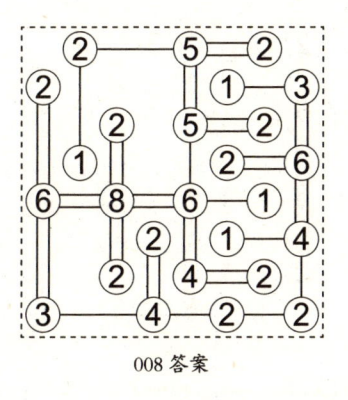

008 答案

011

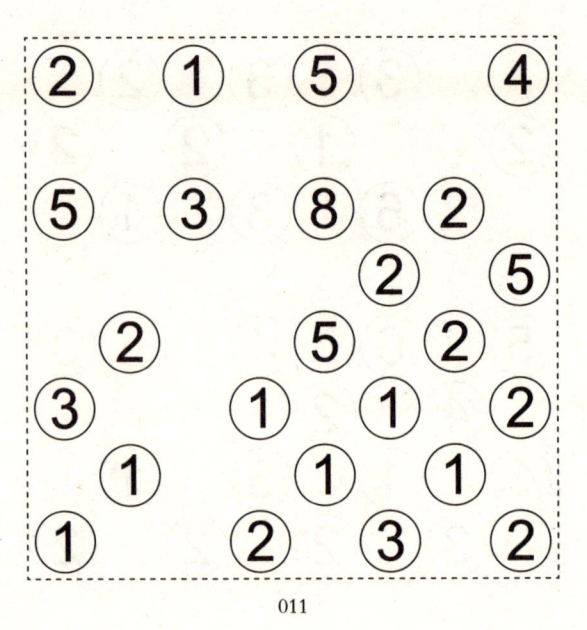

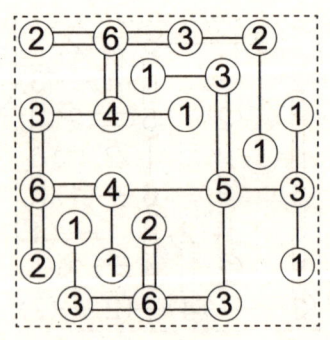

009 答案

玩出来的逻辑思维 岛谜题
024

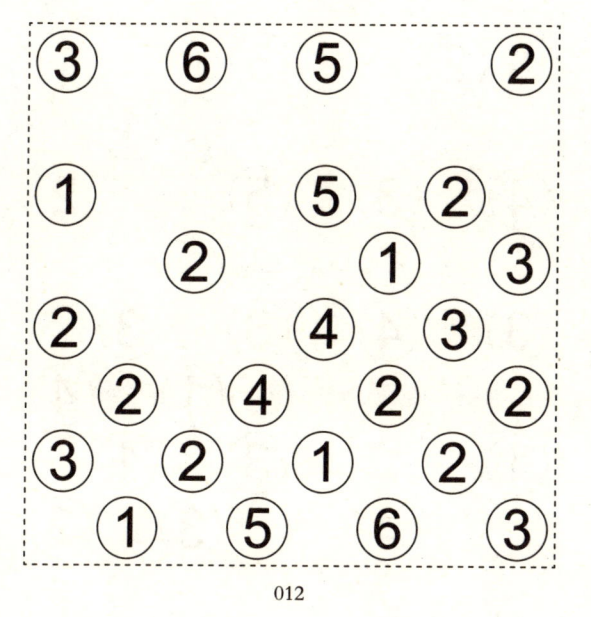

第二章 | 岛练习题及答案 025

012

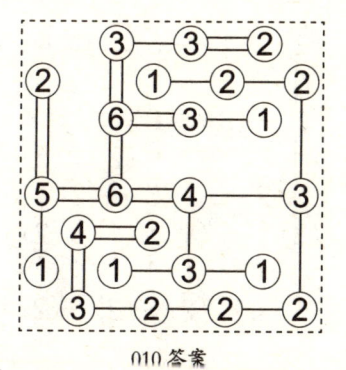

010 答案

013

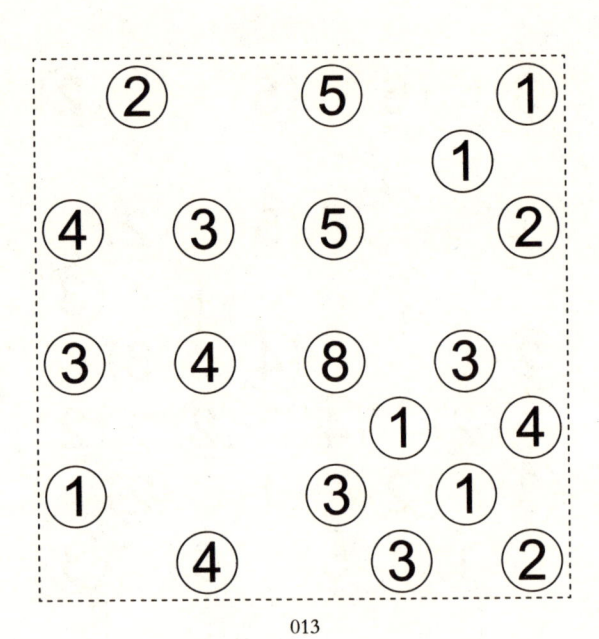

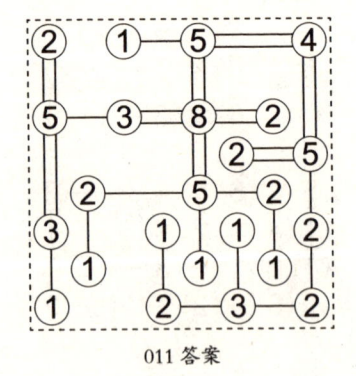

011 答案

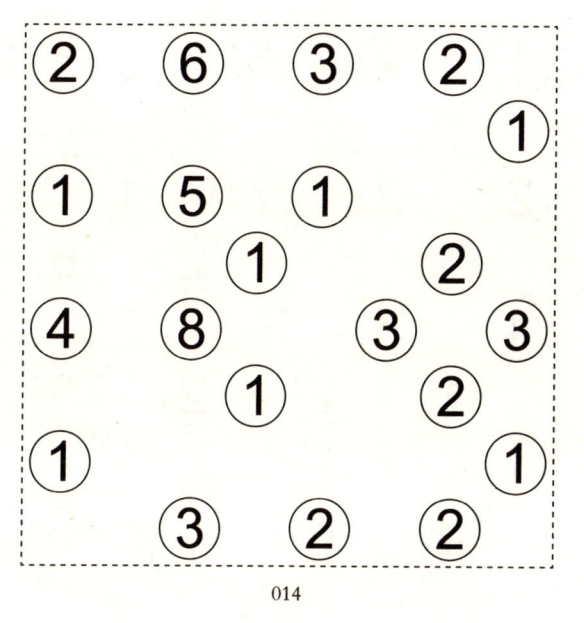

第二章　岛练习题及答案　027

014

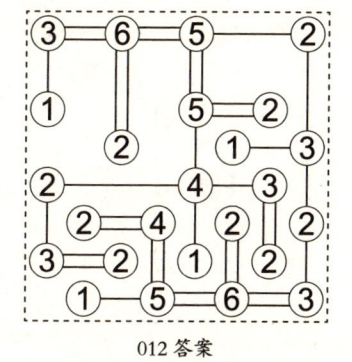

012 答案

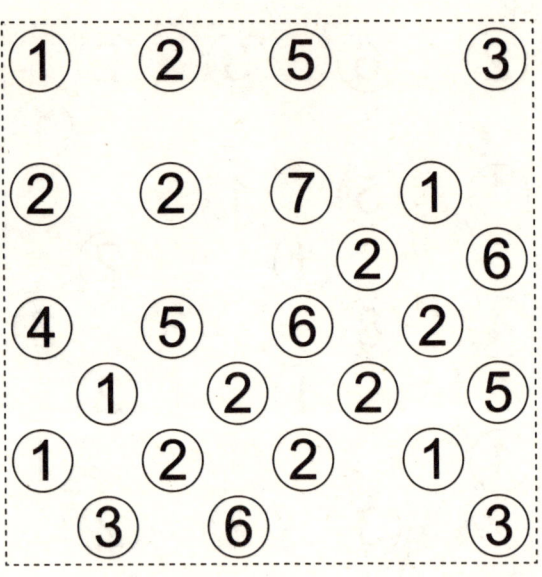

015

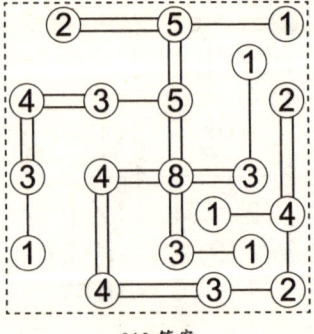

013 答案

016

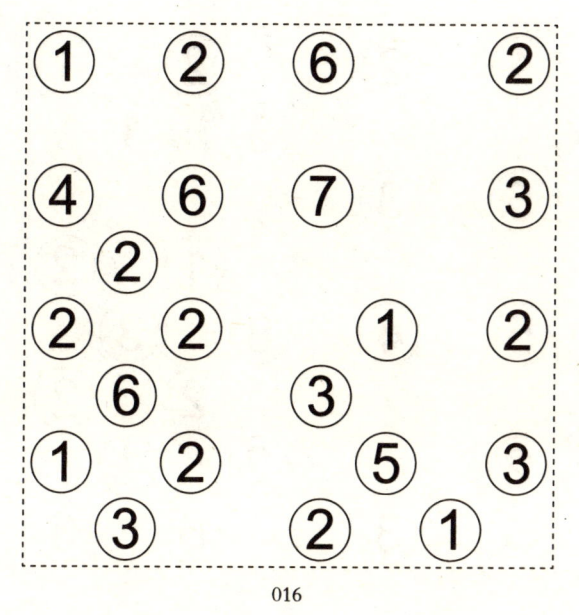

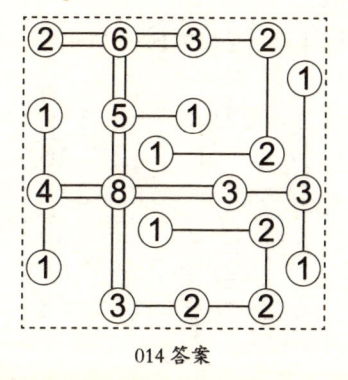

014 答案

017

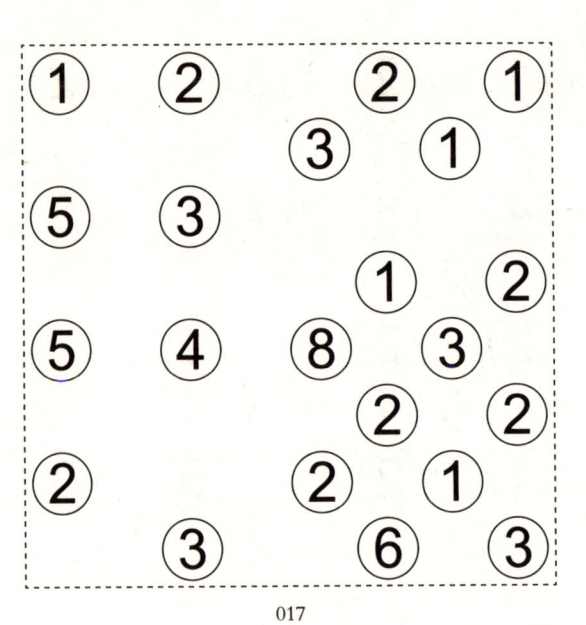

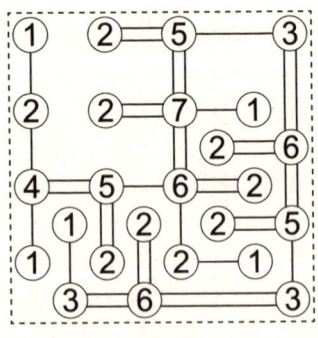

015 答案

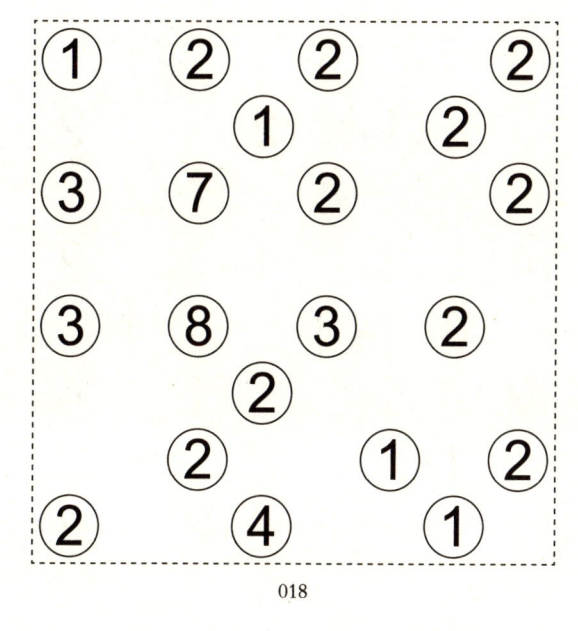

018

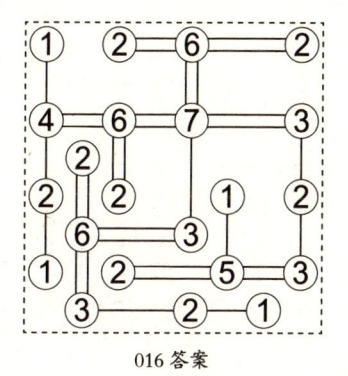

016 答案

第二章 岛练习题及答案 031

019

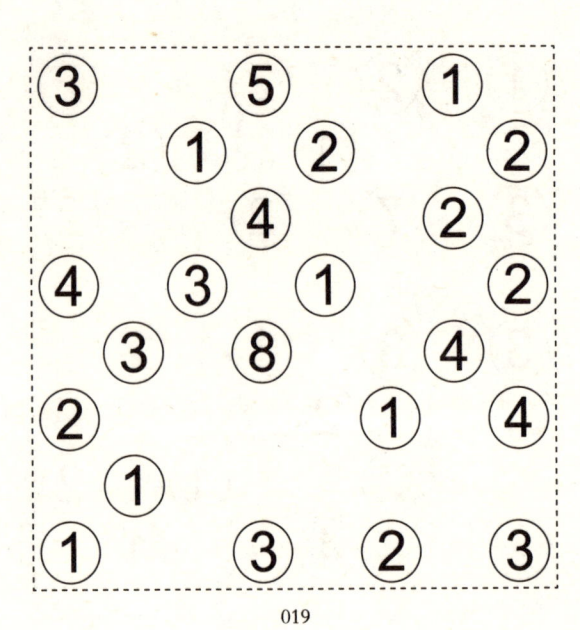

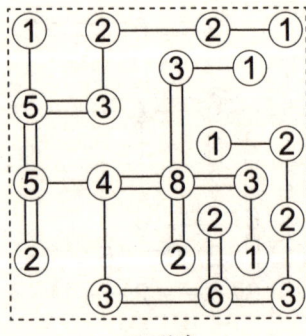

017答案

032

020

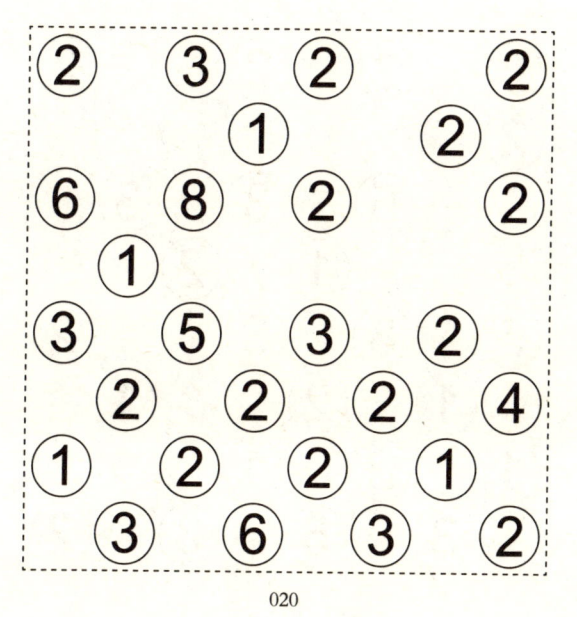

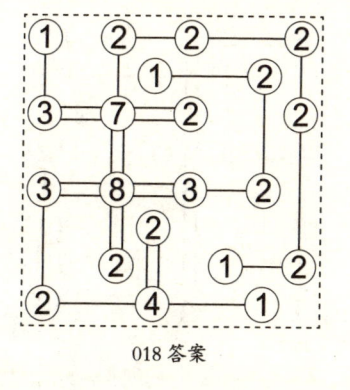

018 答案

021

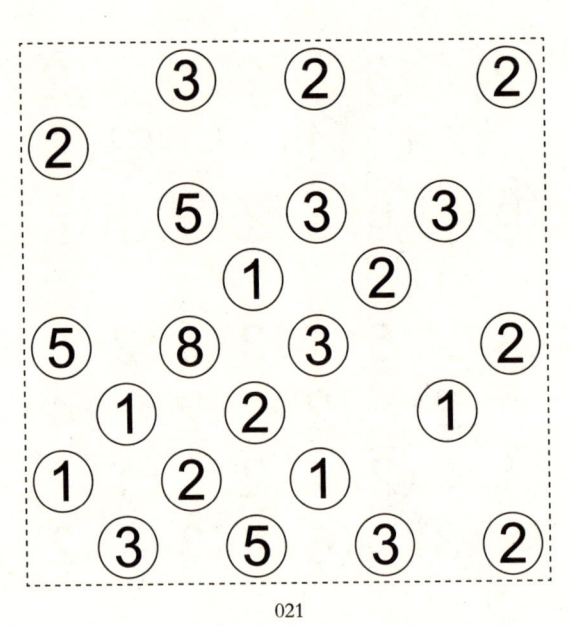

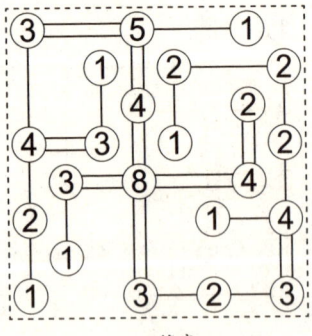

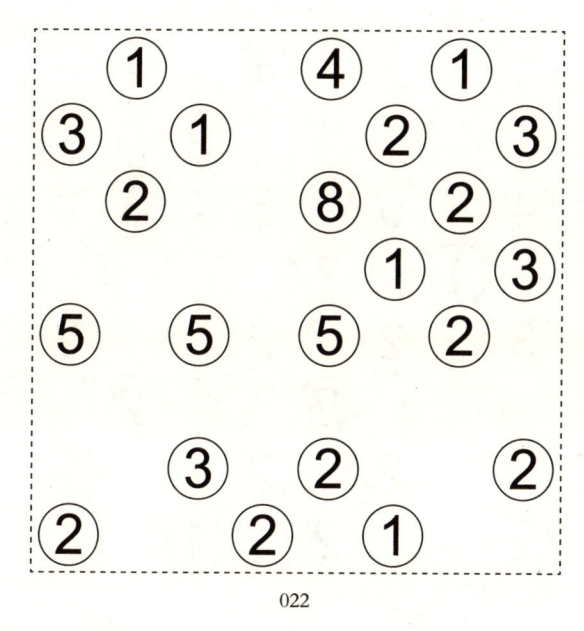

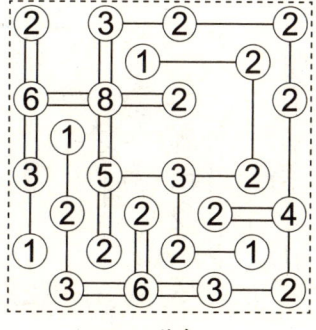

022

020 答案

023

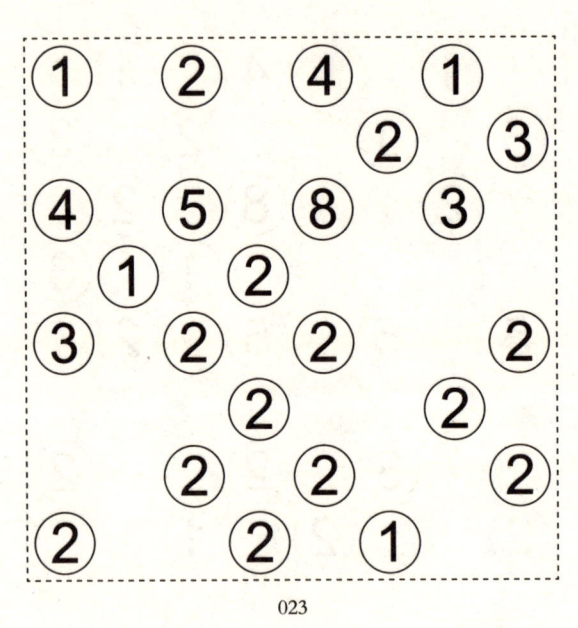

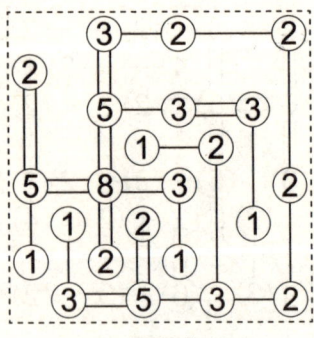

021 答案

024

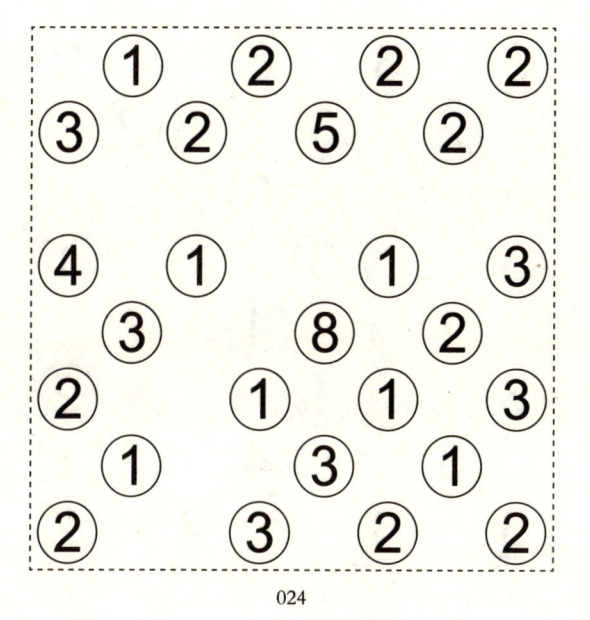

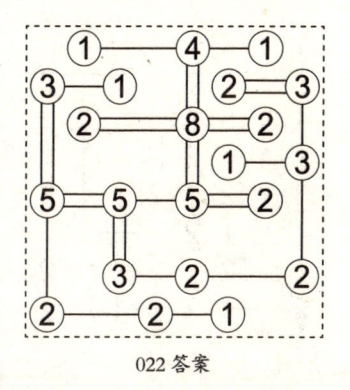

022 答案

025

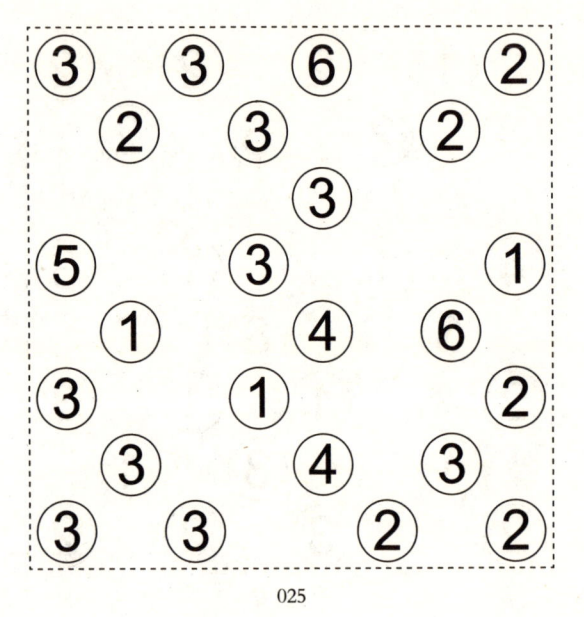

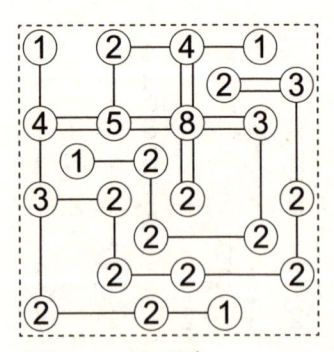

023 答案

026

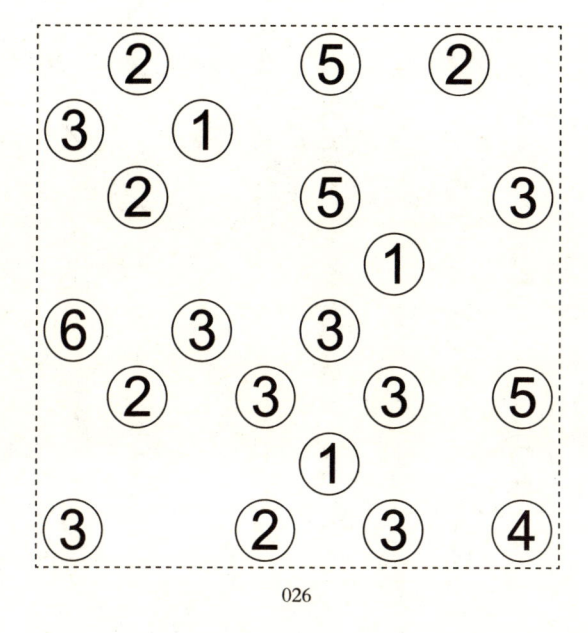

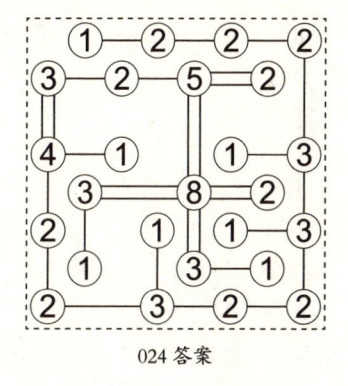

024 答案

027

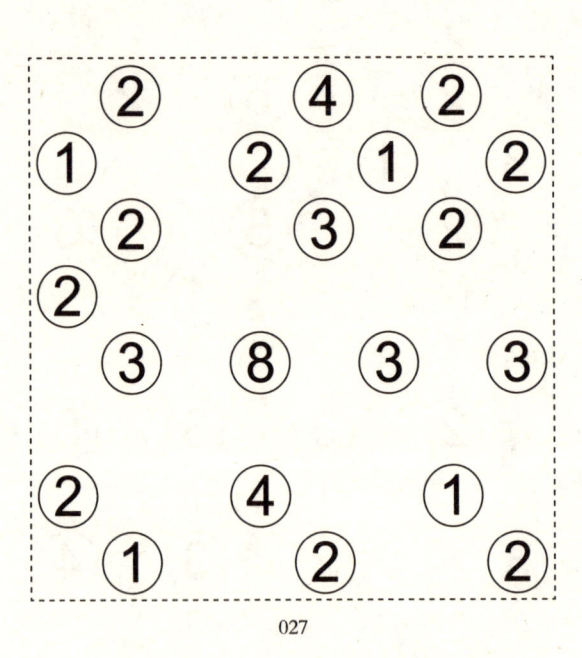

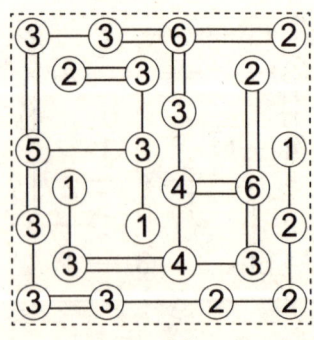

025 答案

028

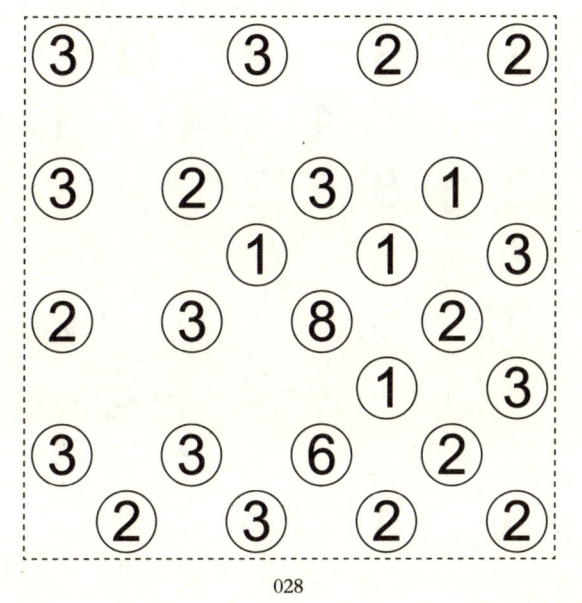

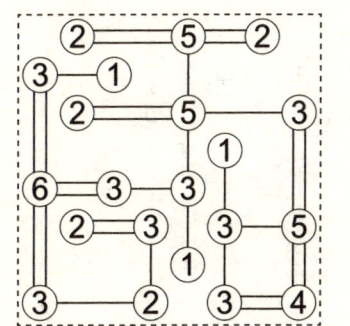

026 答案

029

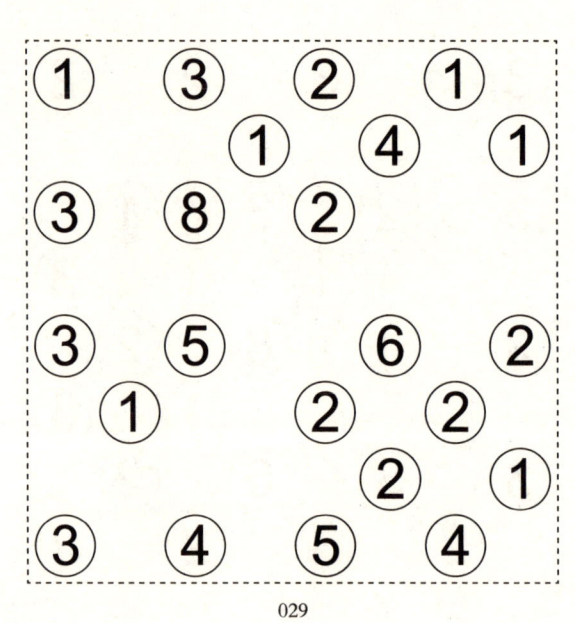

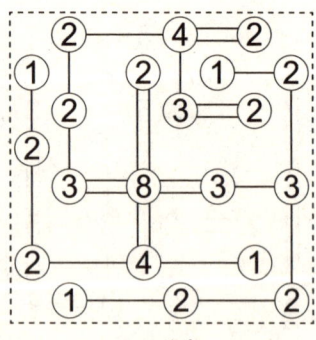

027 答案

030

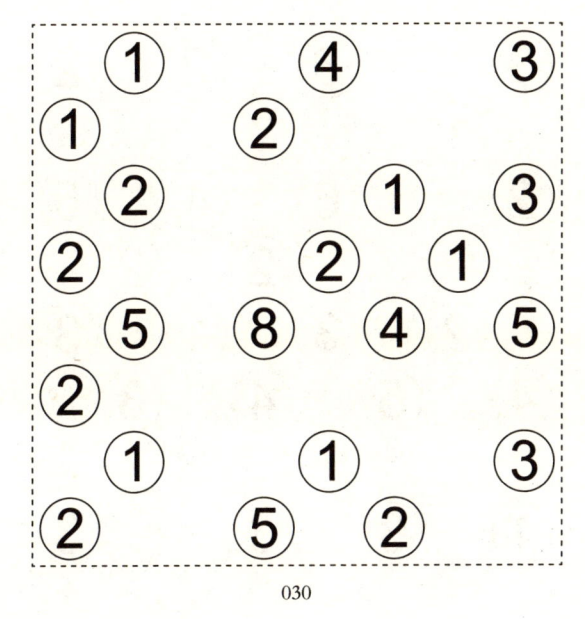

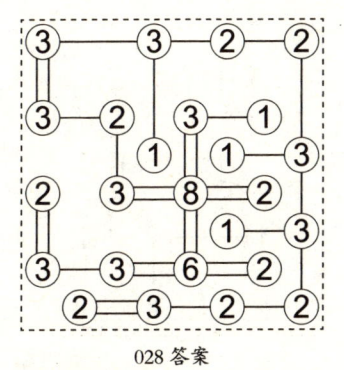

028 答案

031

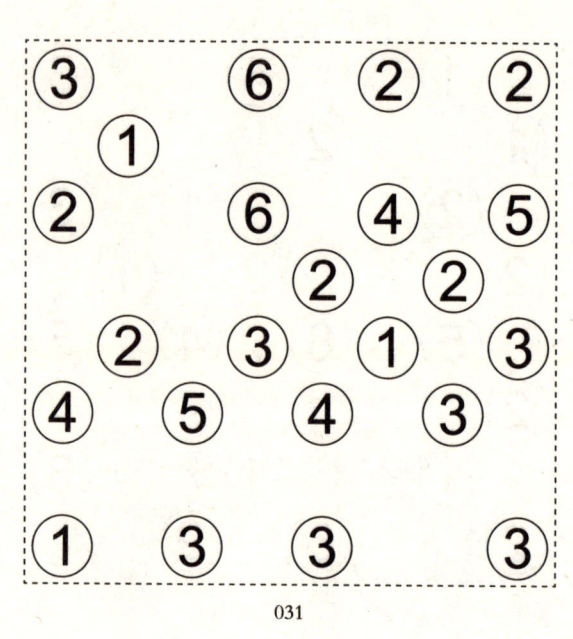

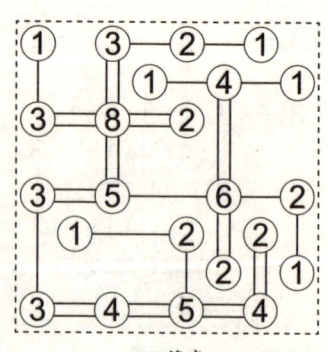

029 答案

032

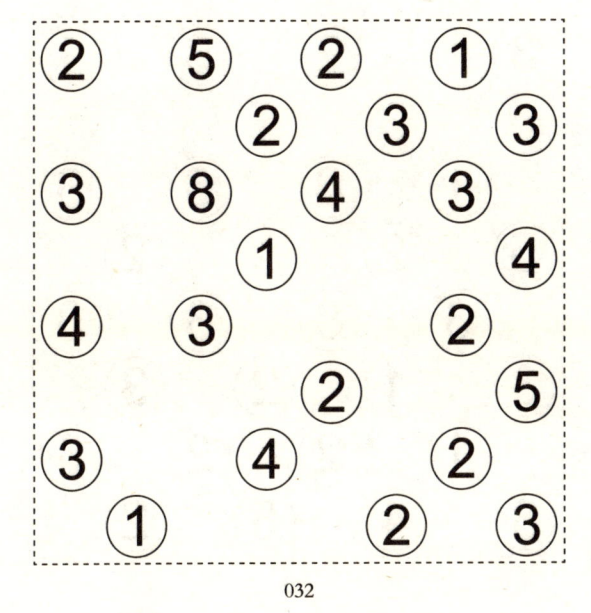

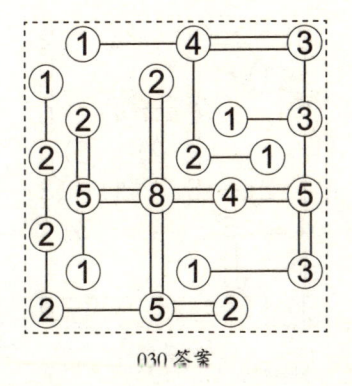

030 答案

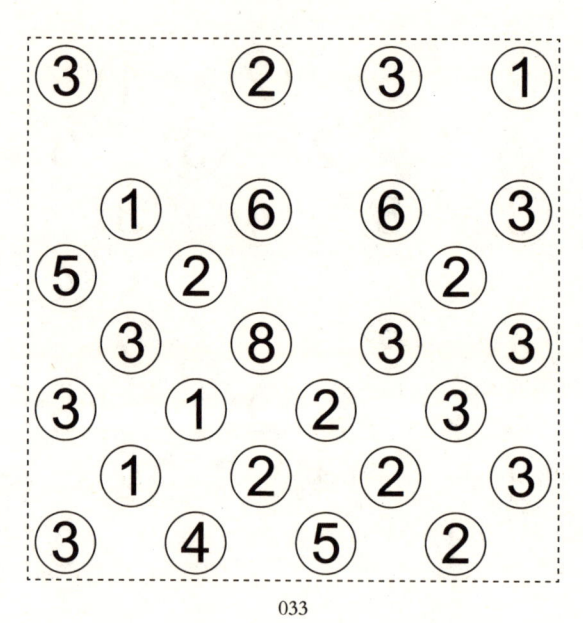

033

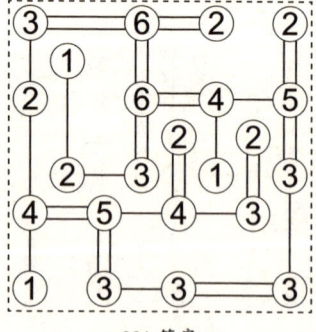

031答案

046

玩出来的逻辑思维 岛谜题

034

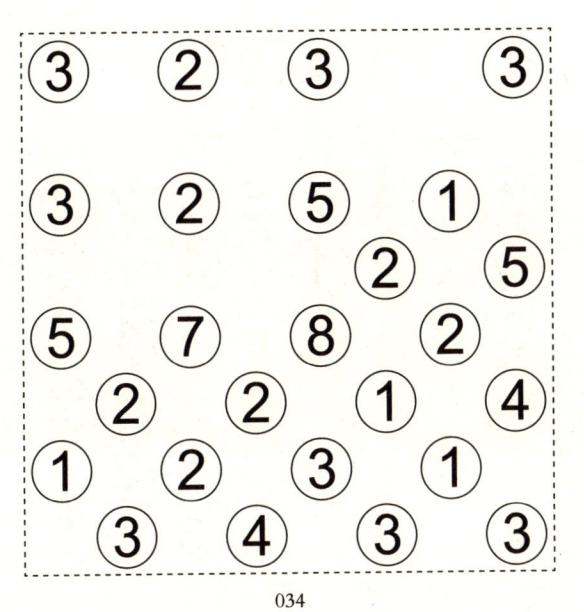

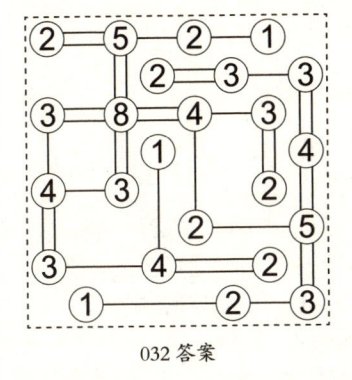

032 答案

035

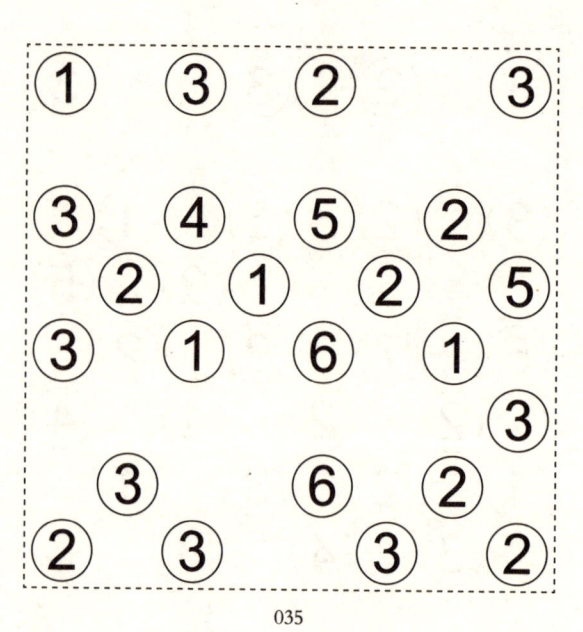

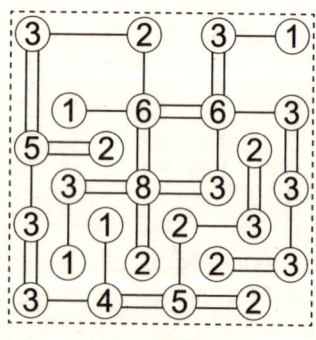

033 答案

玩出来的逻辑思维 岛谜题

036

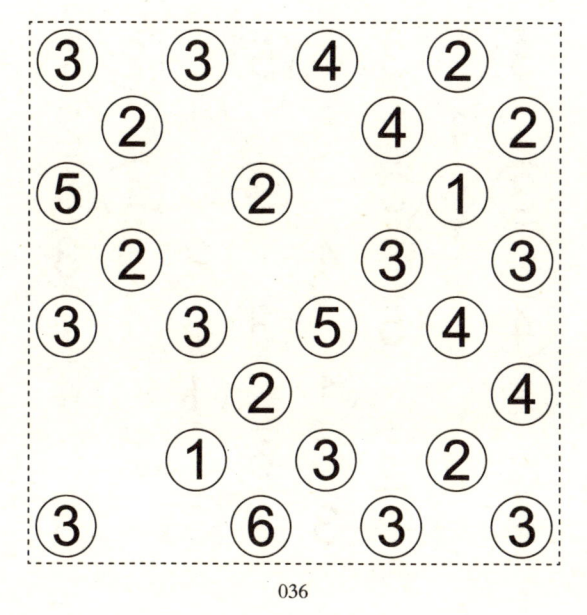

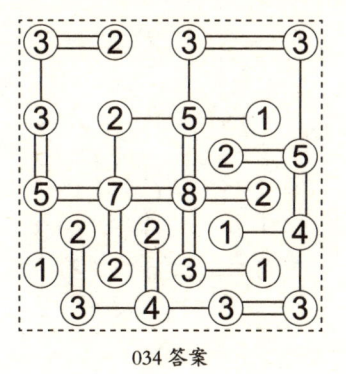

034 答案

037

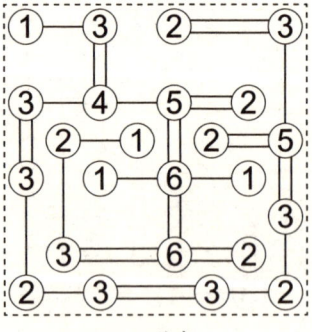

035 答案

038

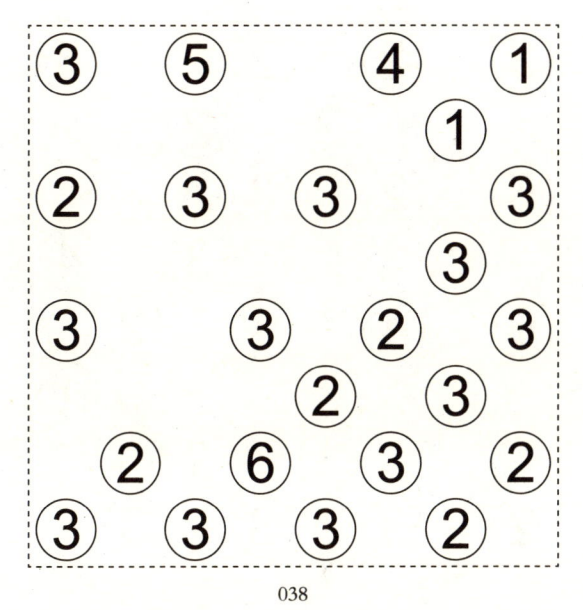

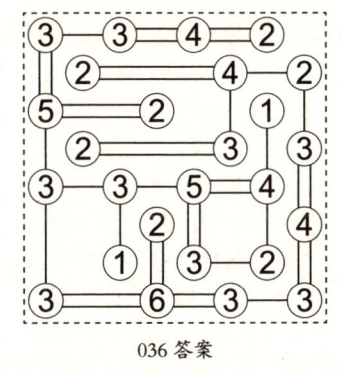

036 答案

039

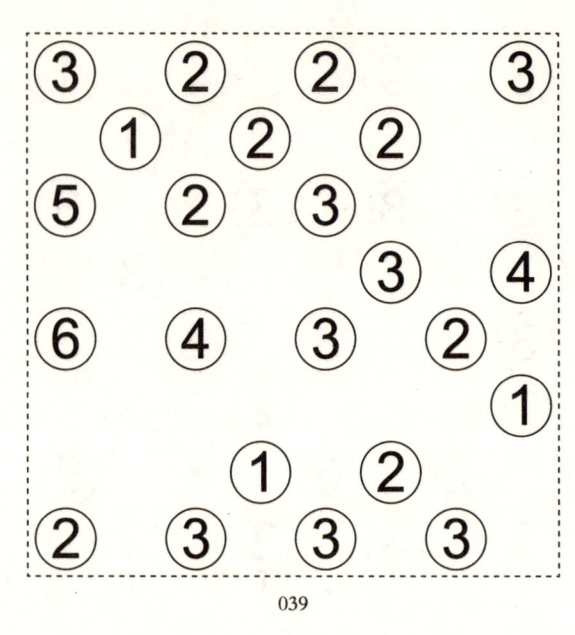

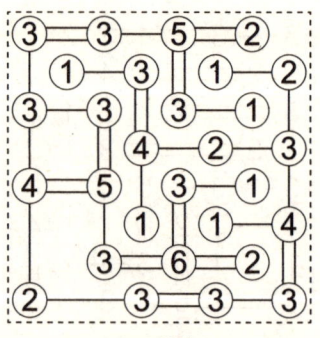

037 答案

040

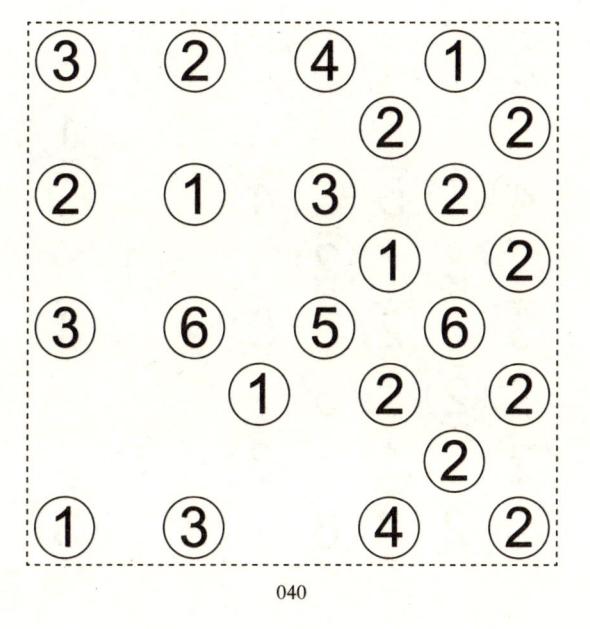

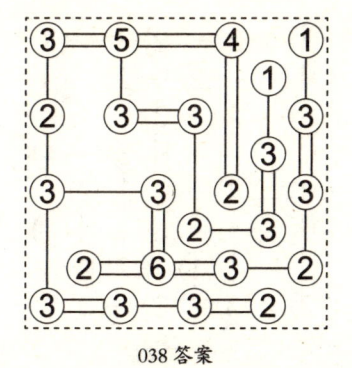

038 答案

041

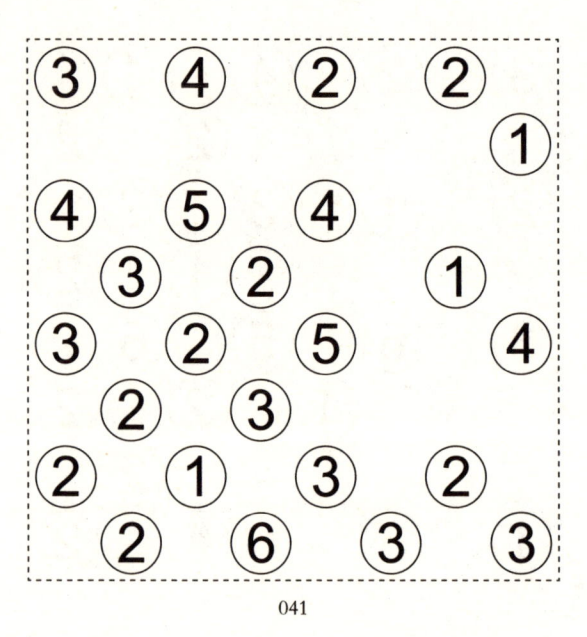

039 答案

042

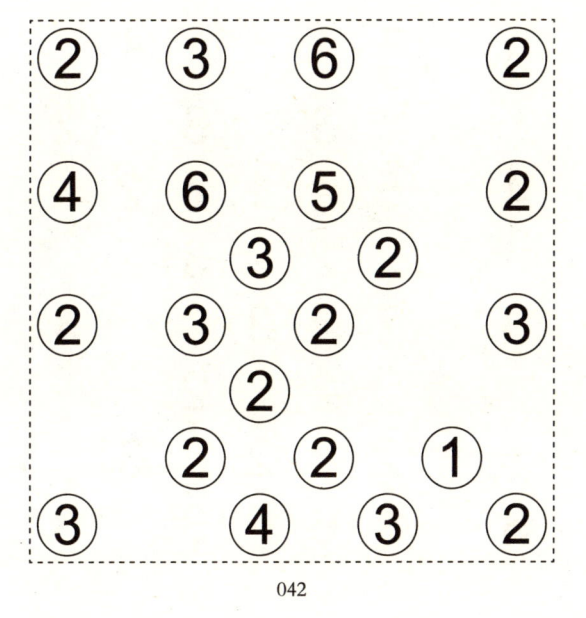

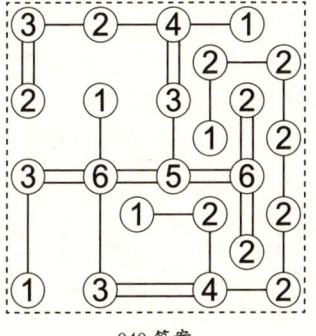

040 答案

043

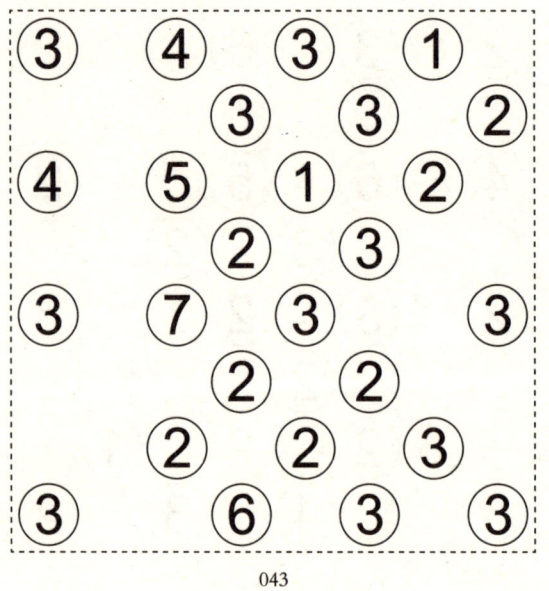

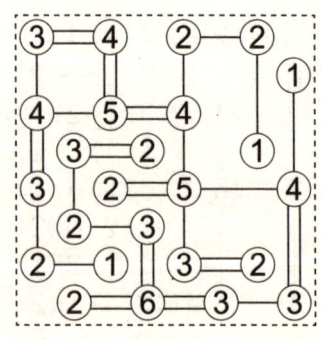

041 答案

044

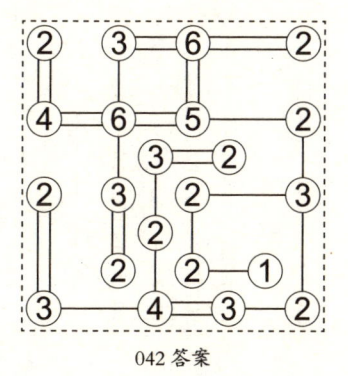

042 答案

045

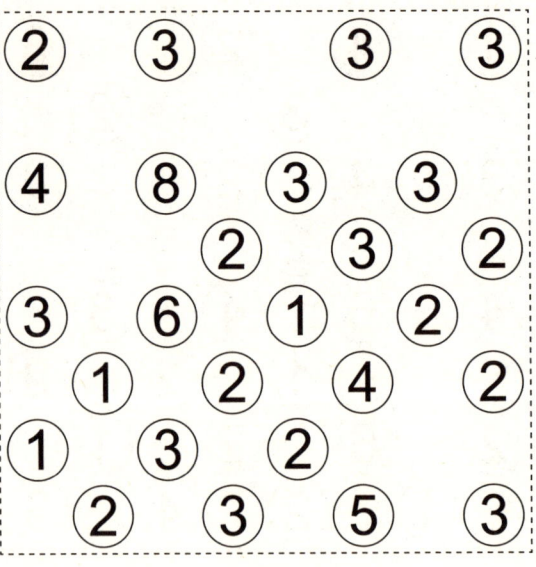

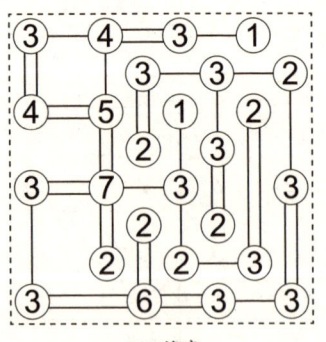

043 答案

【9×9 练习题及答案】

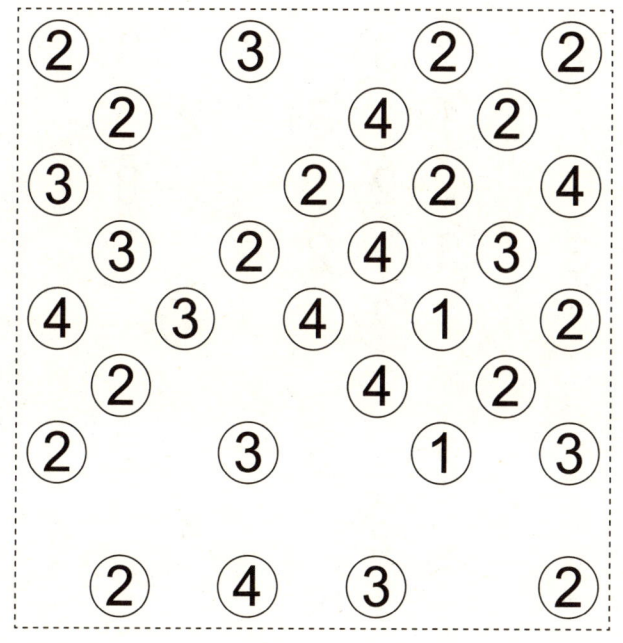

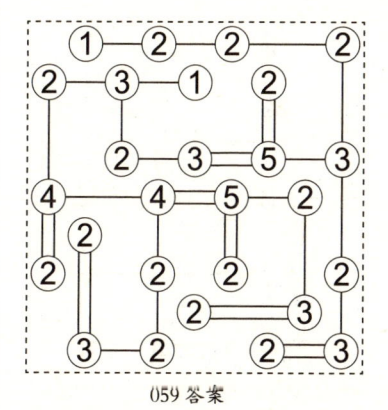

第二章 岛练习题及答案 059

047

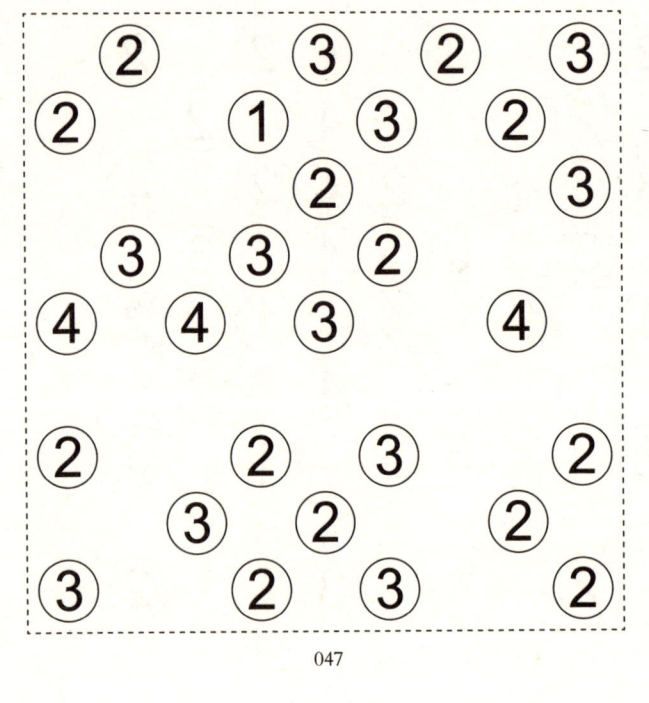

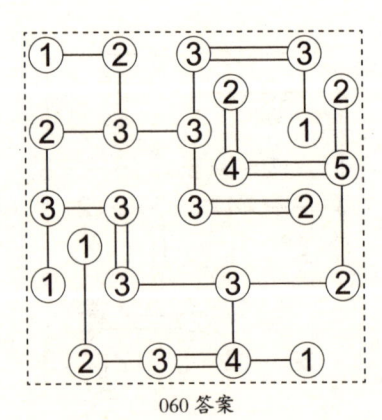

060 答案

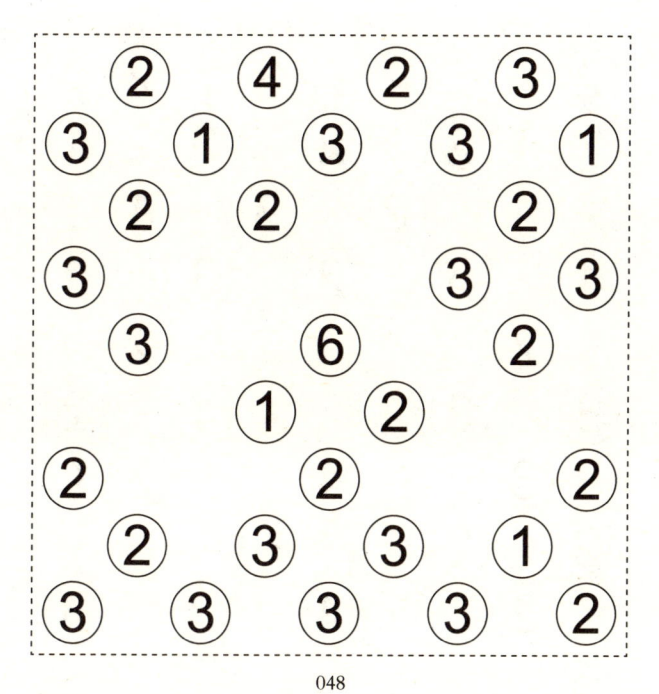

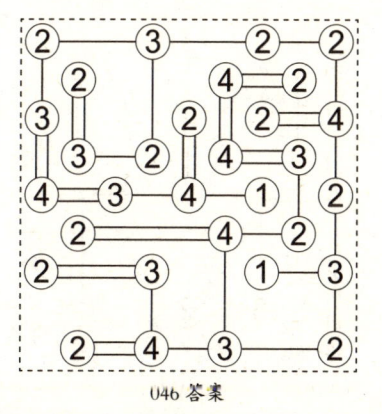

第二章 岛练习题及答案

048

046 答案

049

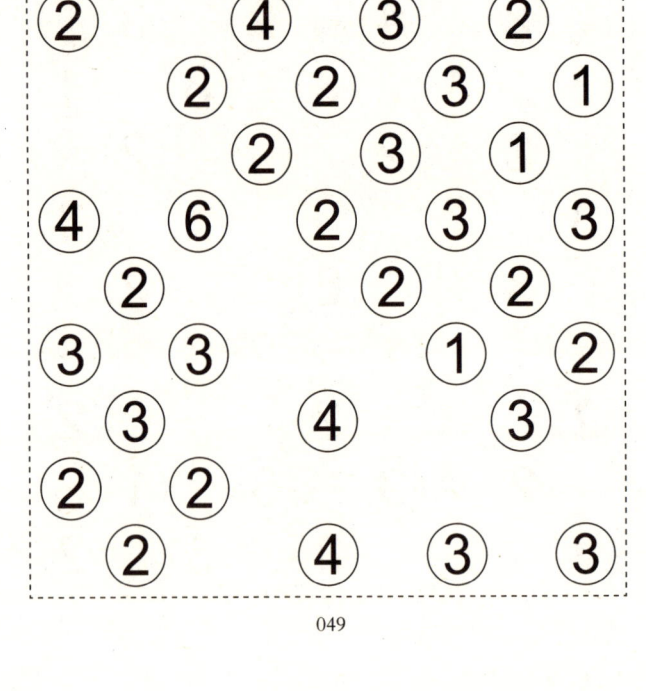

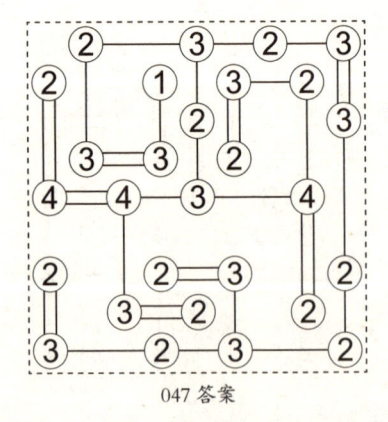

047 答案

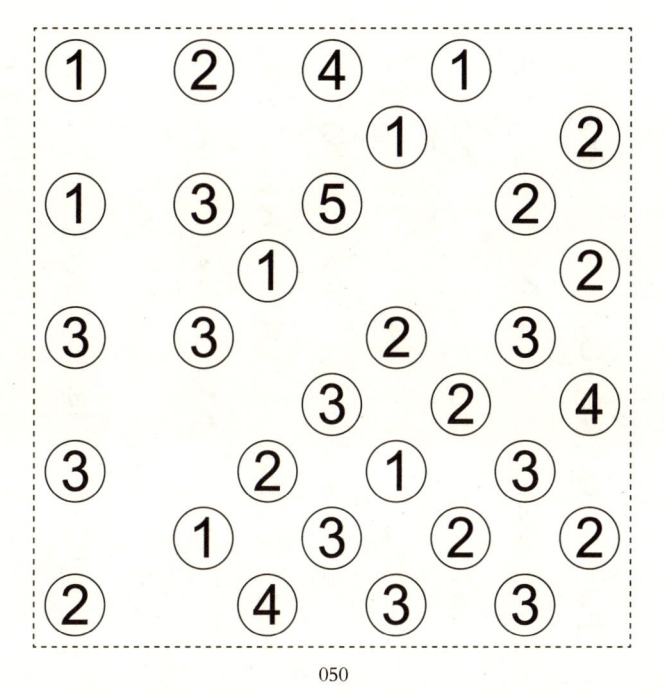

050

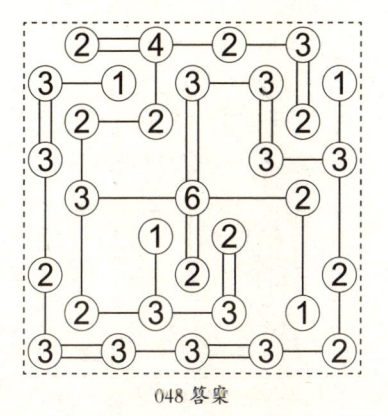

048 答案

第二章 岛练习题及答案 063

051

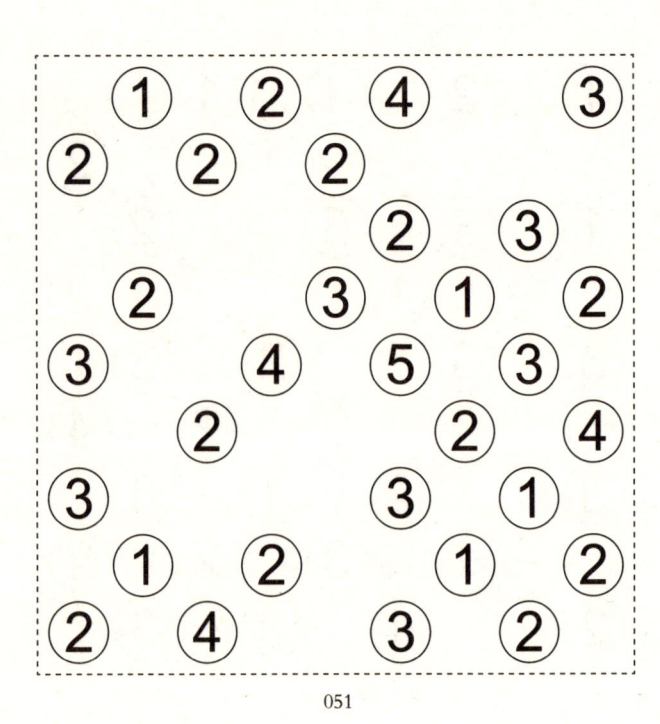

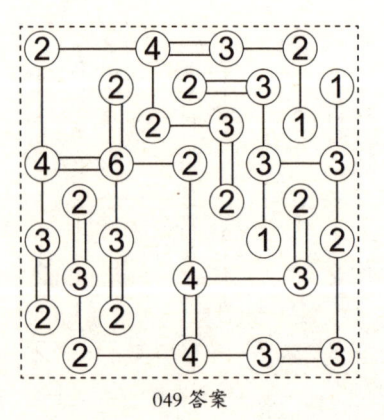

049 答案

052

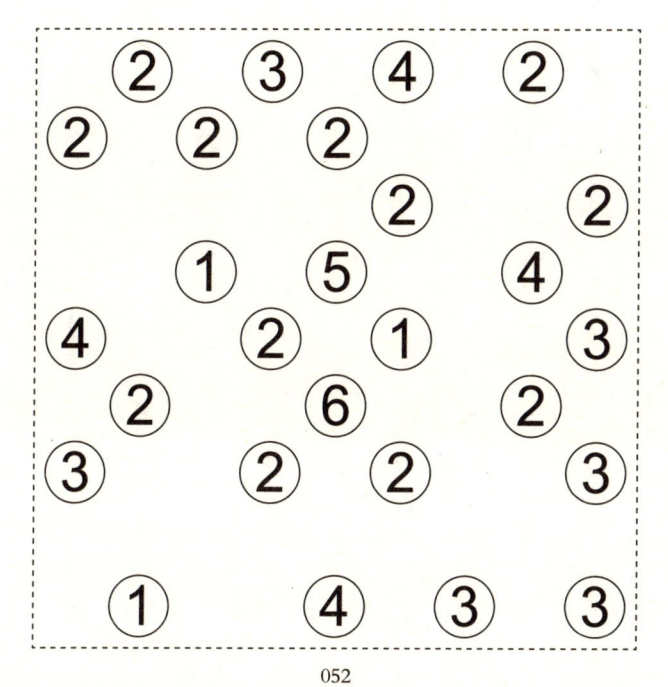

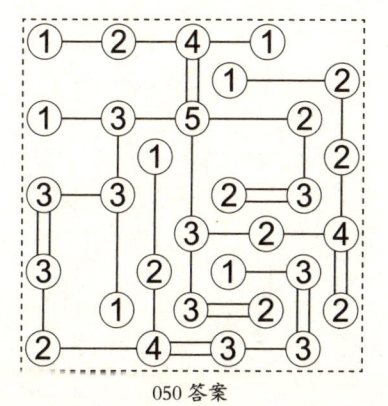

050 答案

053

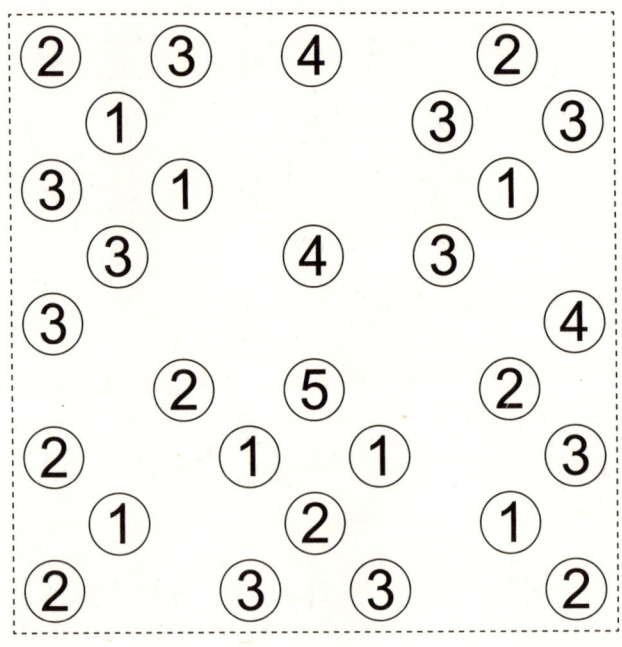

051 答案

054

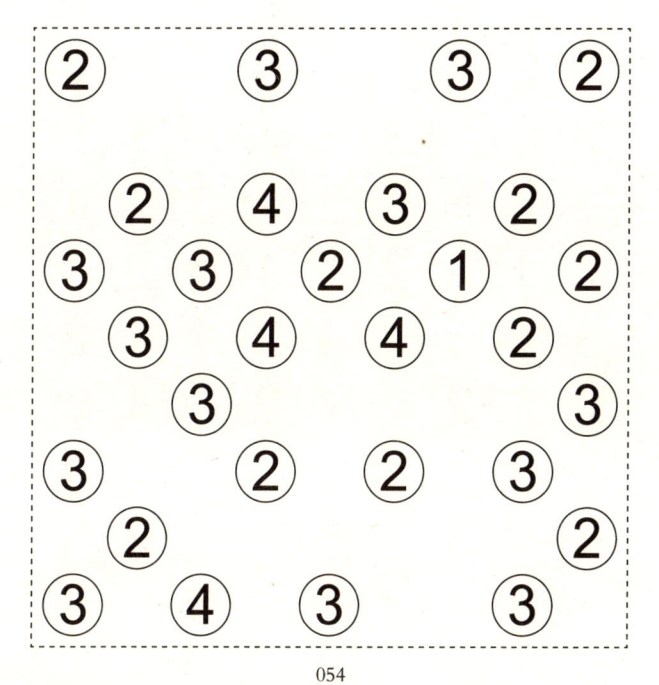

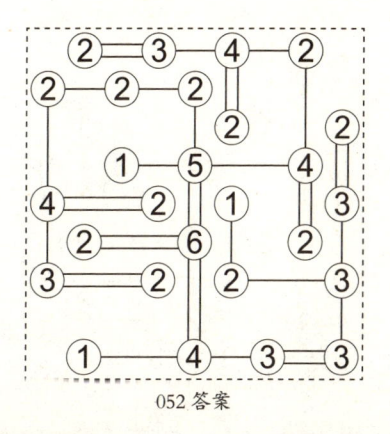

052 答案

055

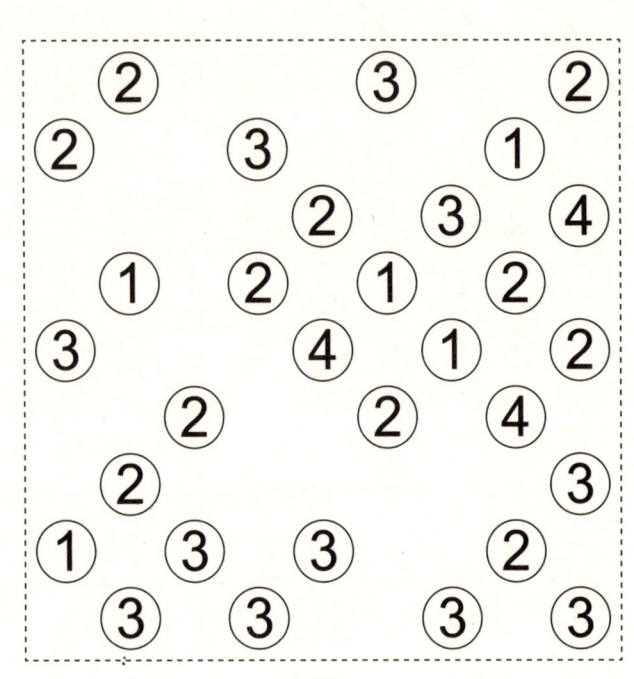

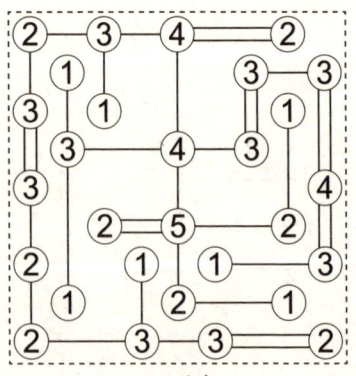

053 答案

056

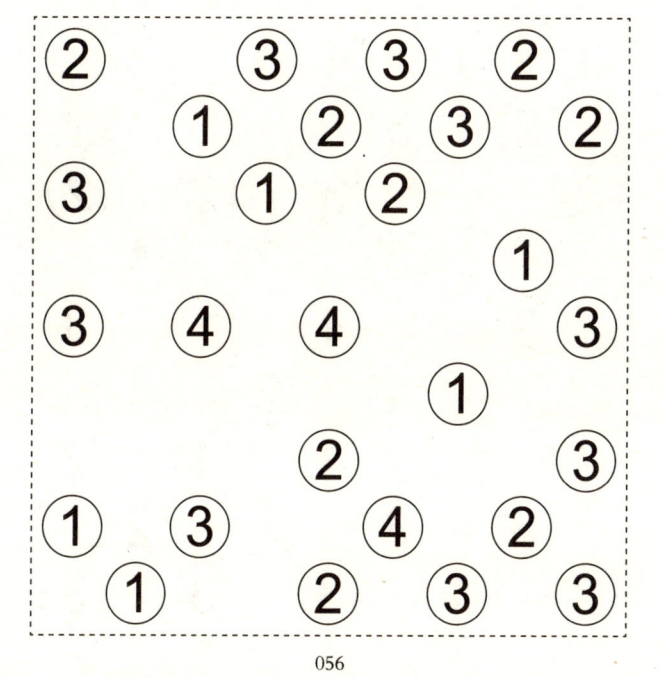

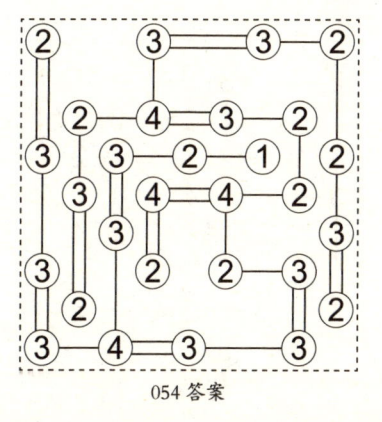

054 答案

057

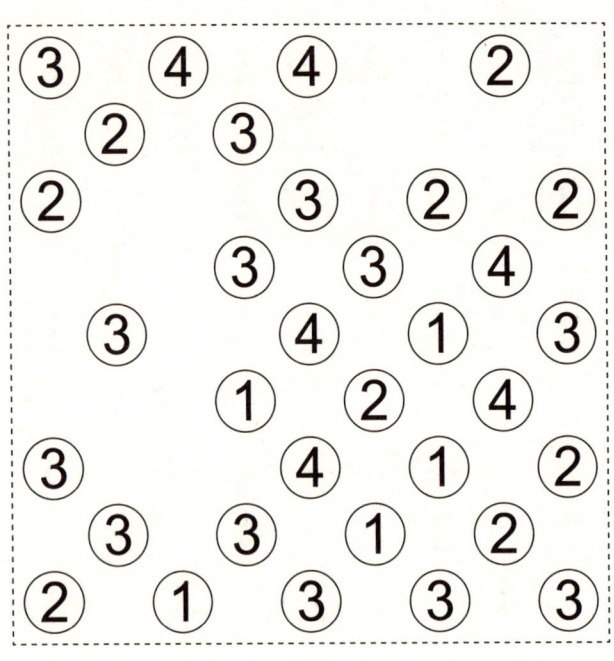

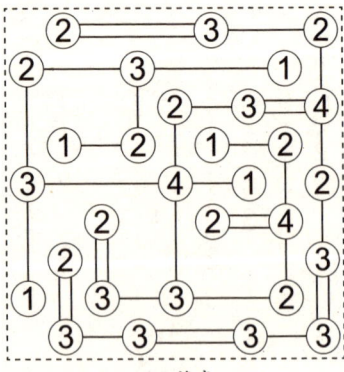

055 答案

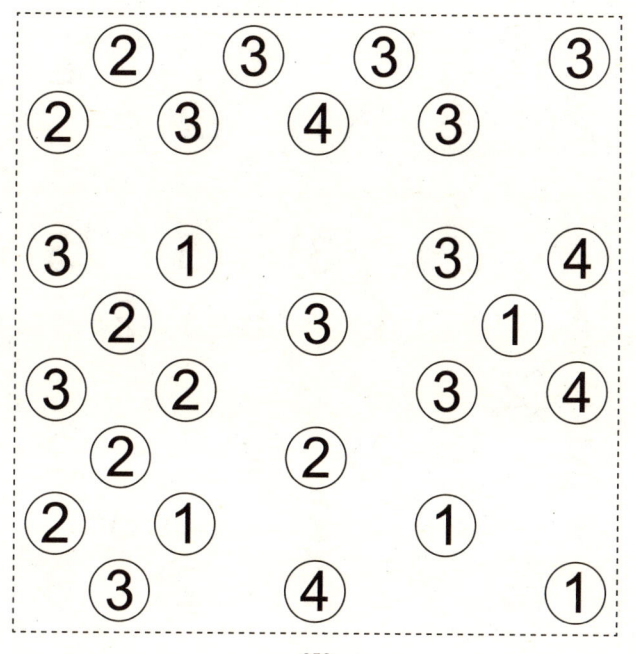

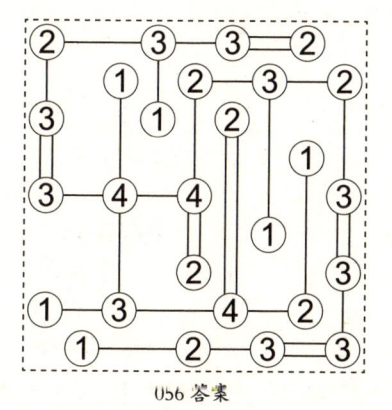

第二章 岛练习题及答案

059

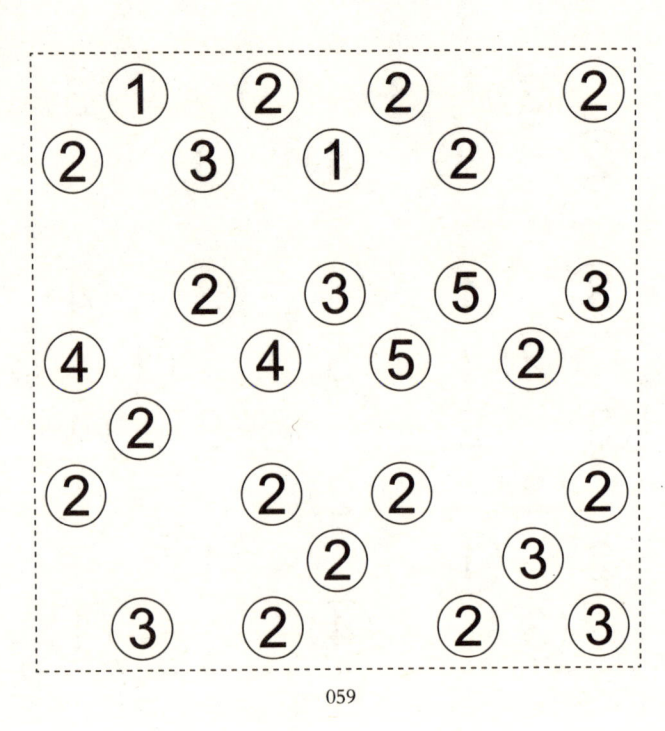

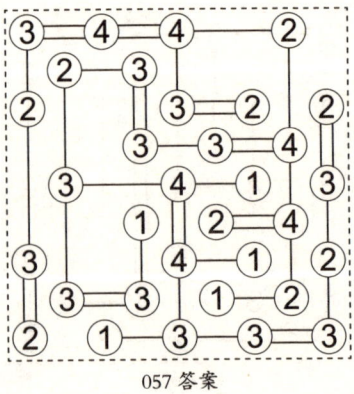

057 答案

060

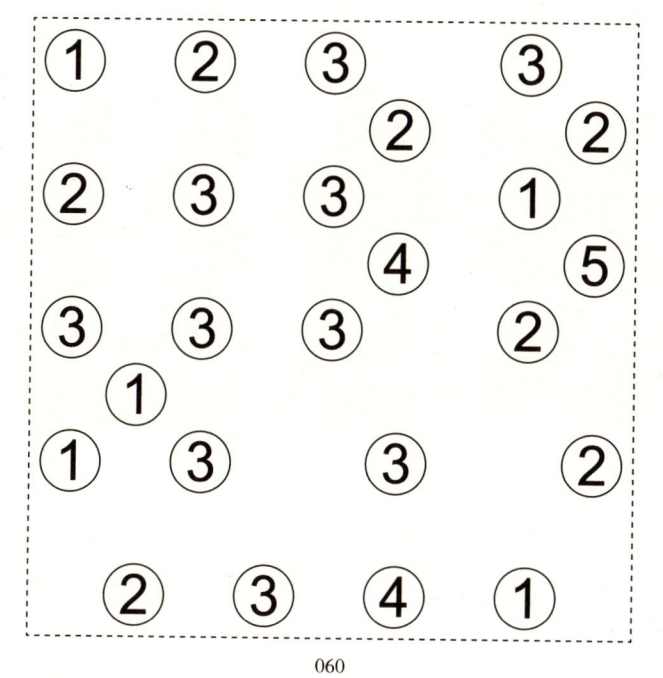

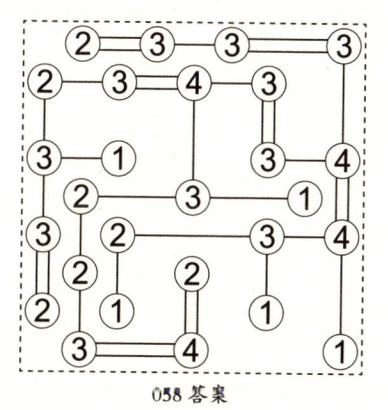

058 答案

061

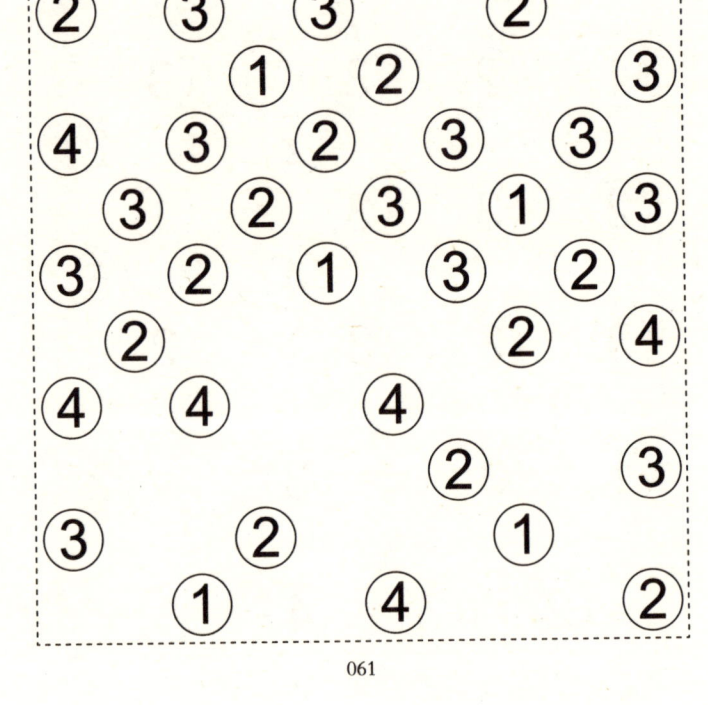

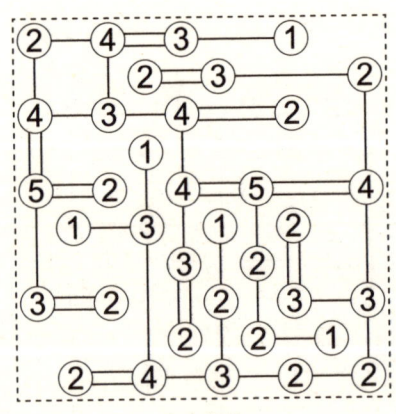

074 答案

062

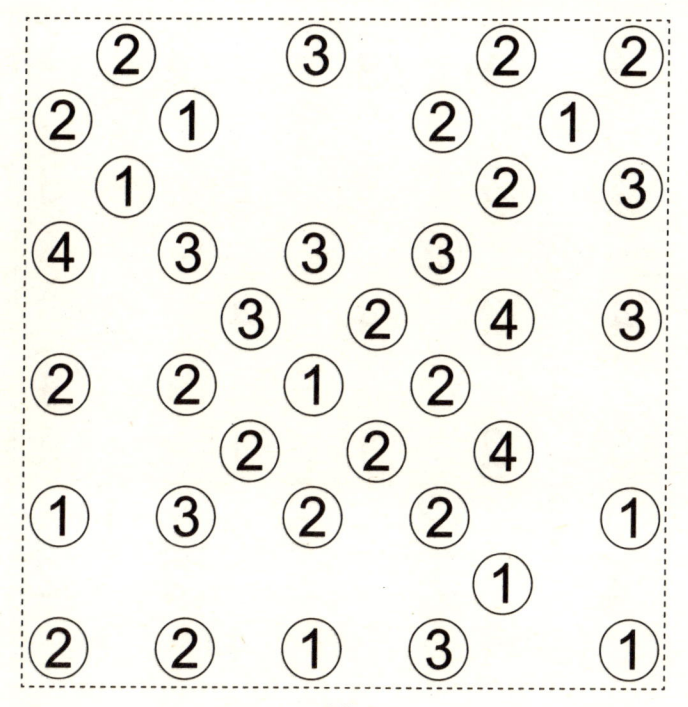

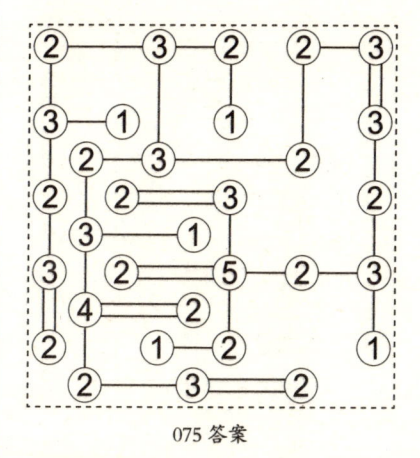

075 答案

063

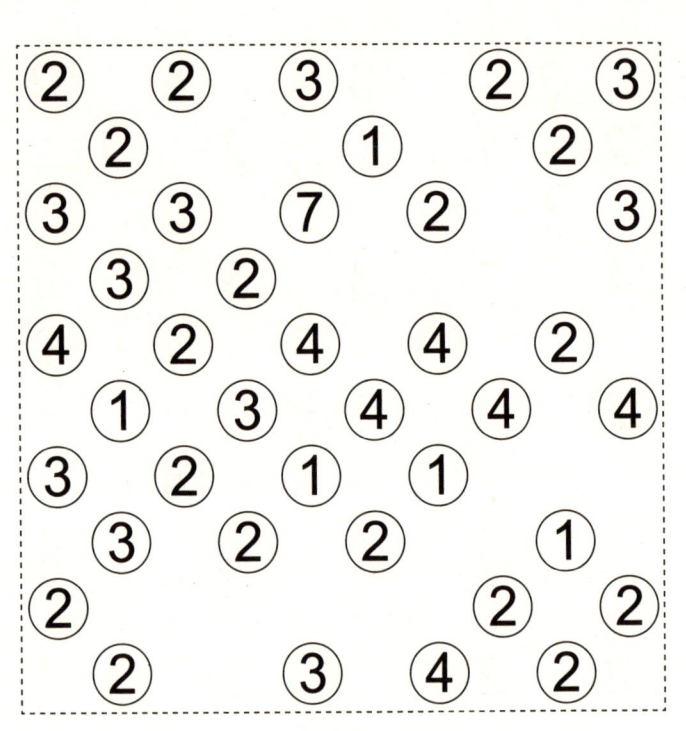

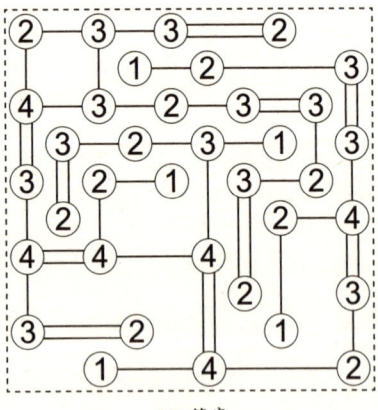

061 答案

064

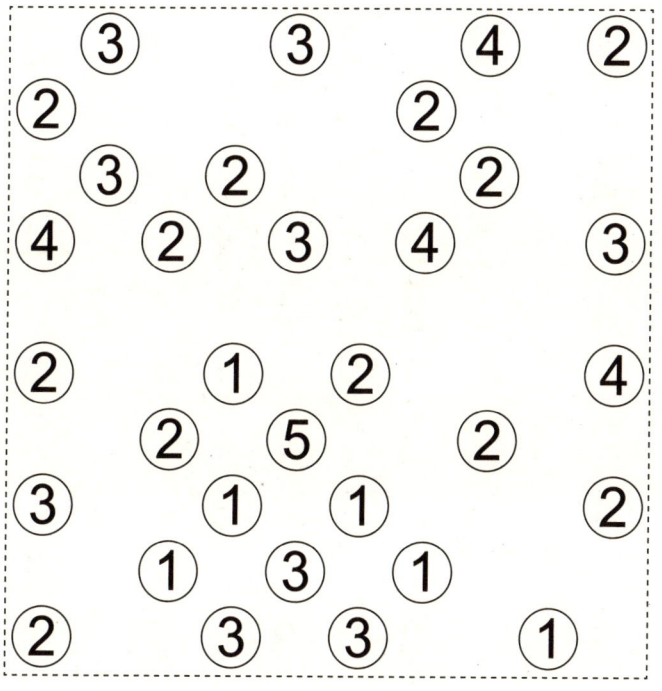

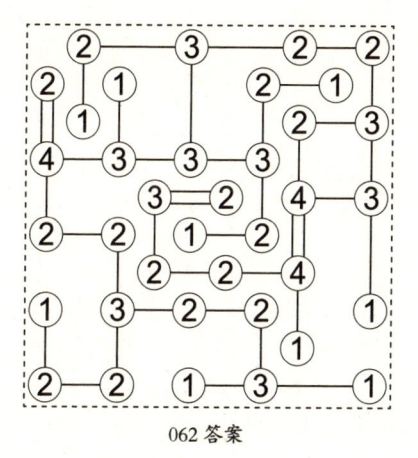

062 答案

065

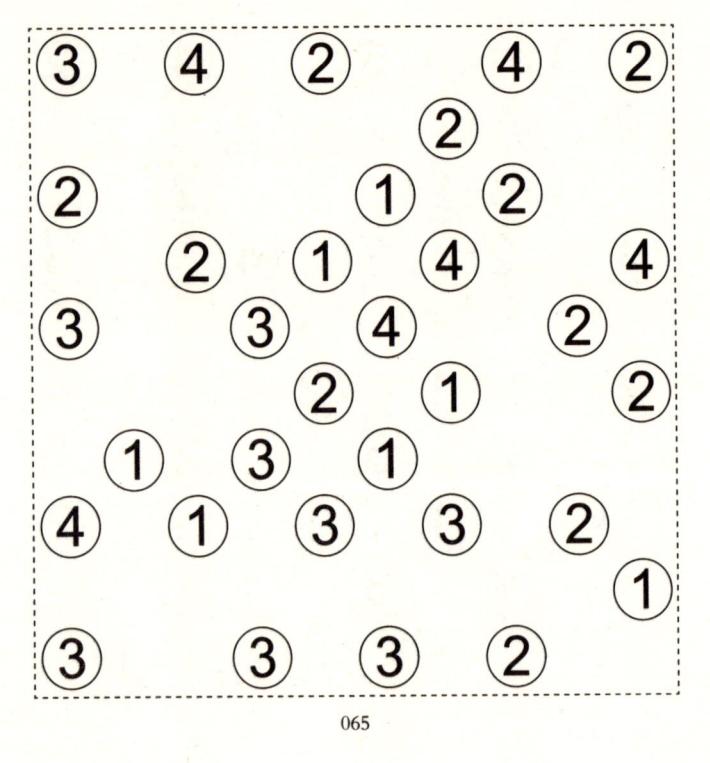

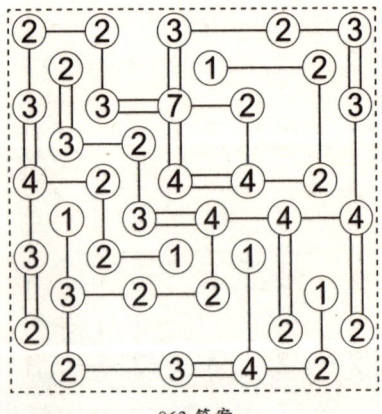

063 答案

066

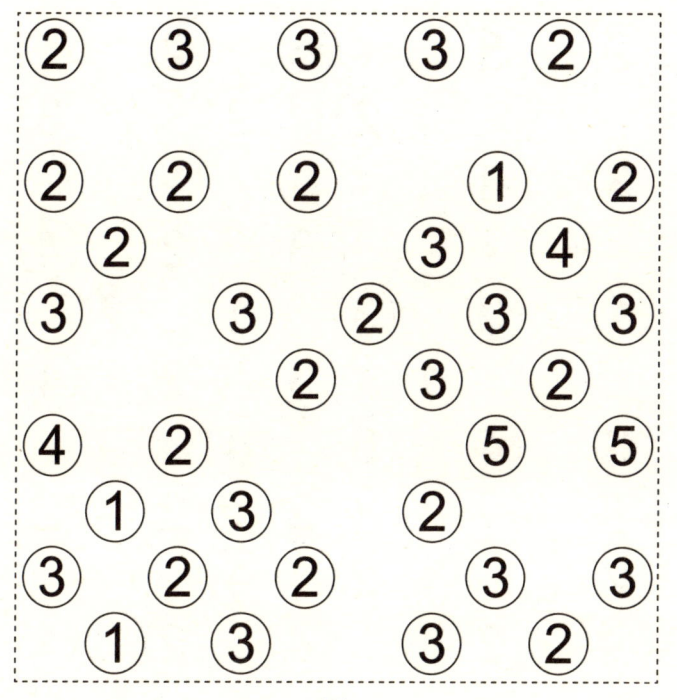

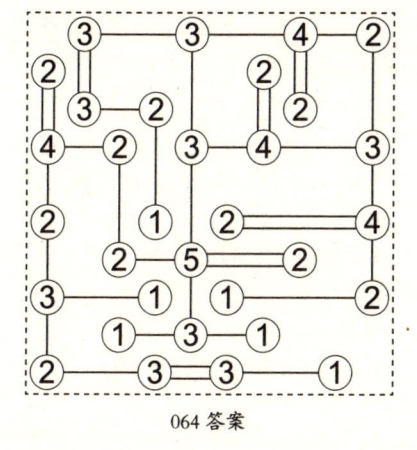

064 答案

067

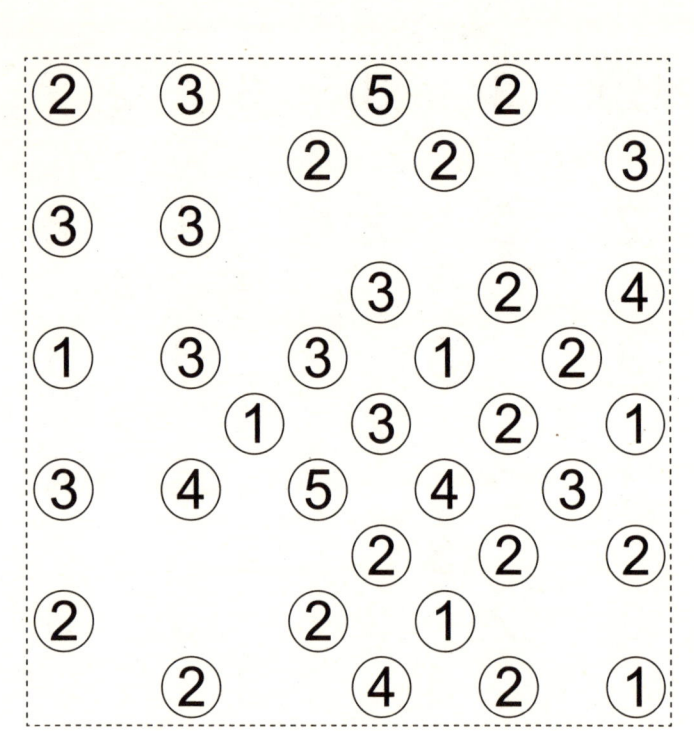

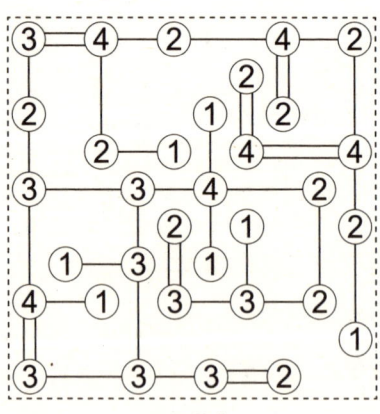

065 答案

068

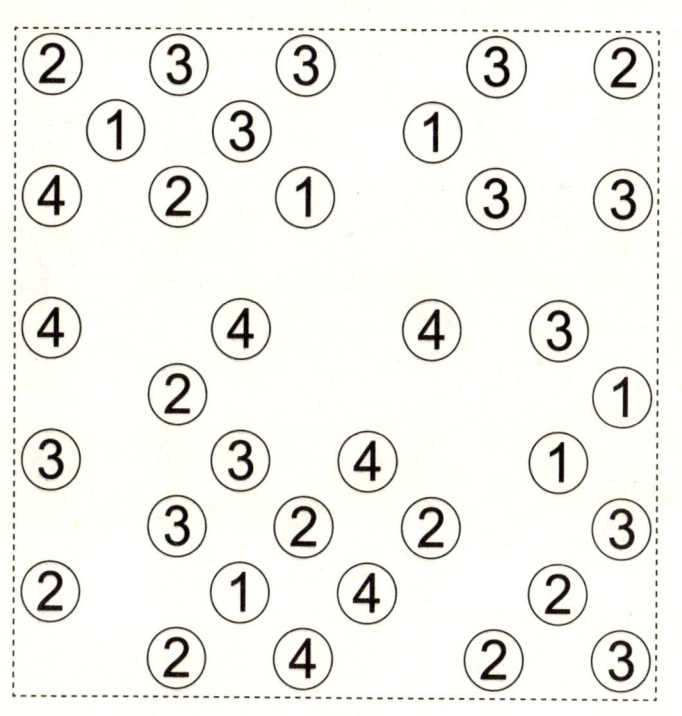

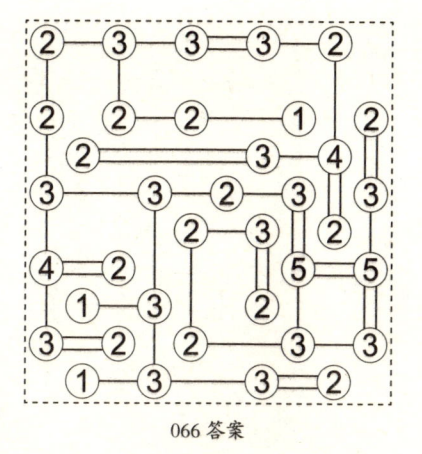

066 答案

069

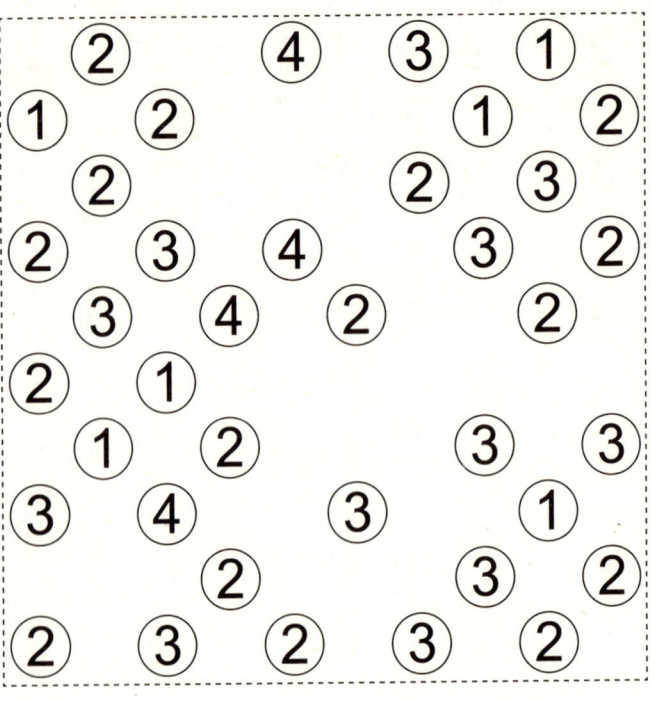

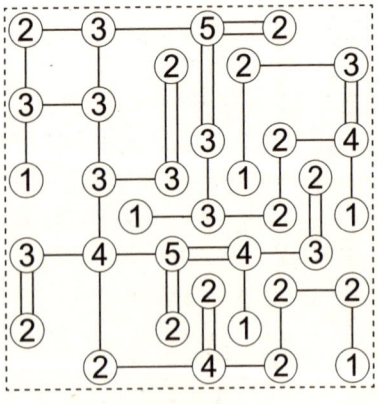

067 答案

070

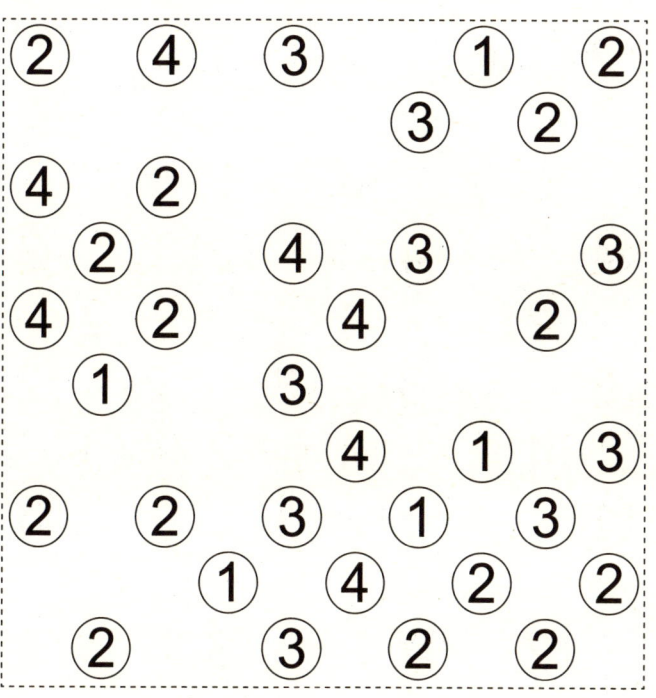

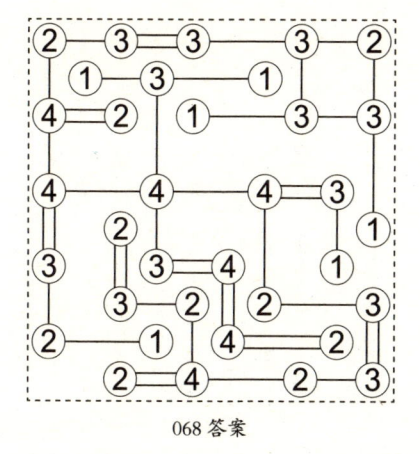

068 答案

071

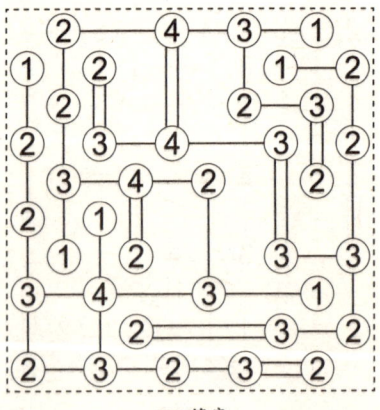

069 答案

072

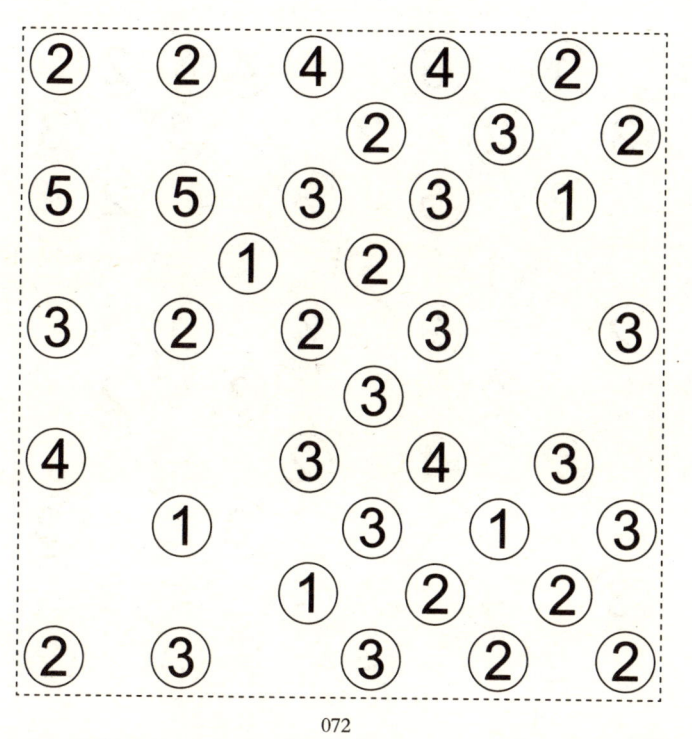

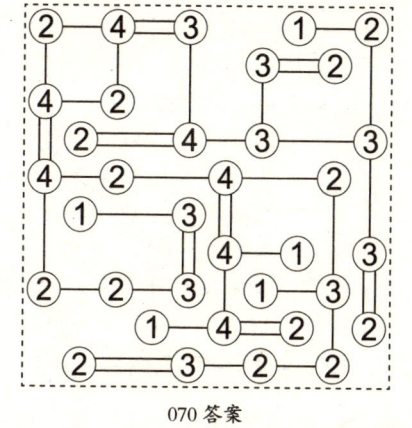

070 答案

073

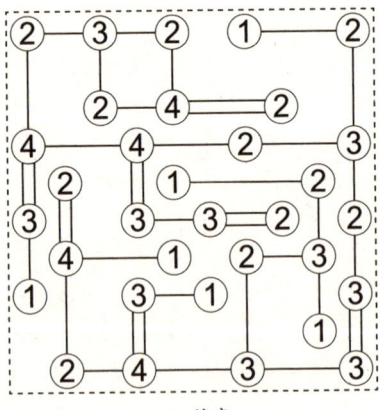

071 答案

074

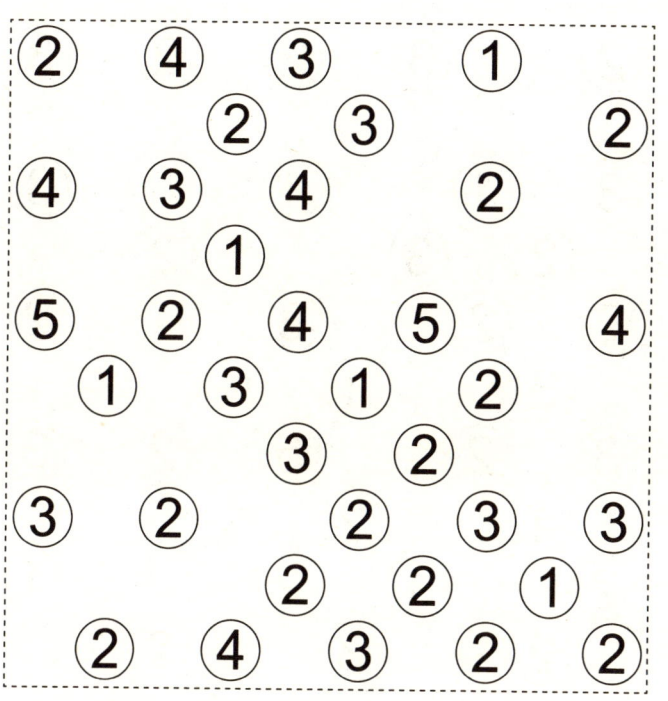

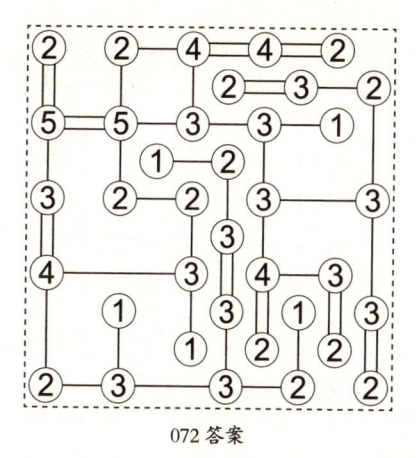

072 答案

075

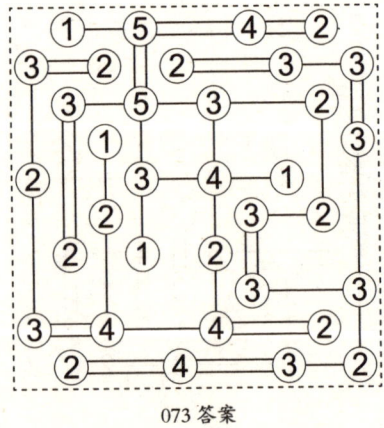

073 答案

| 14×14 练习题及答案 |

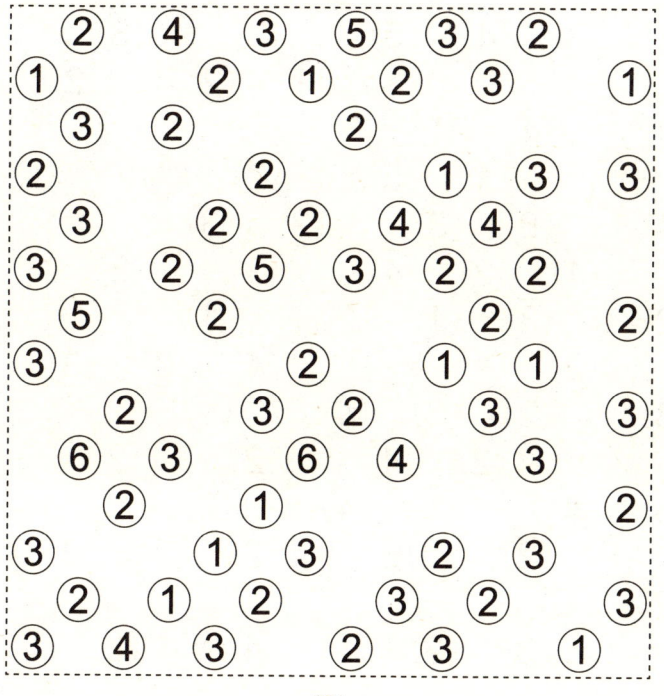

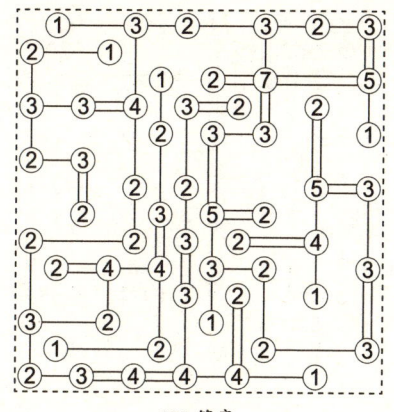

076

089 答案

077

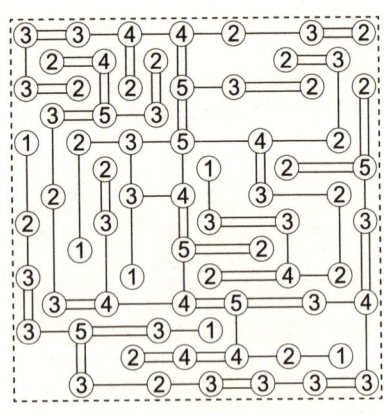

090 答案

078

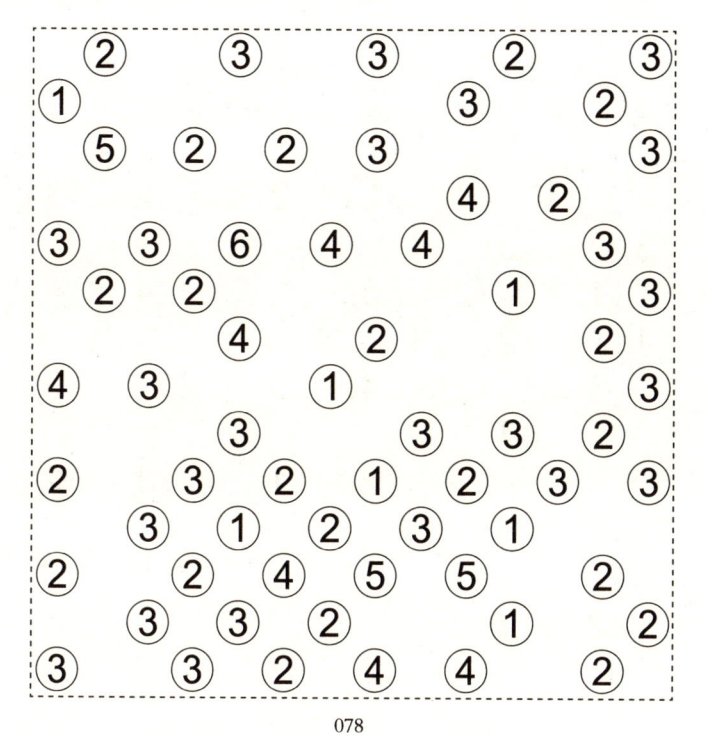

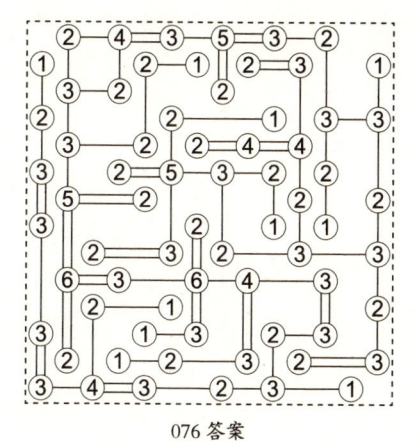

076 答案

079

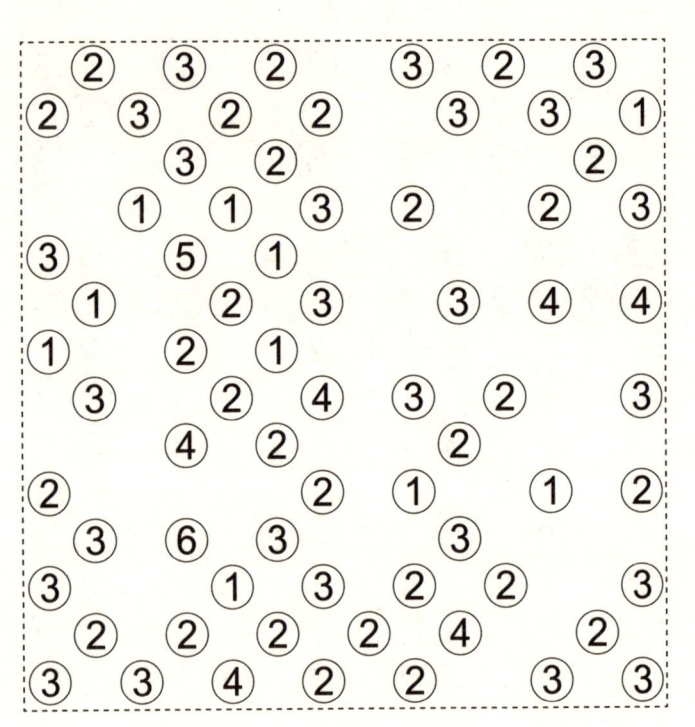

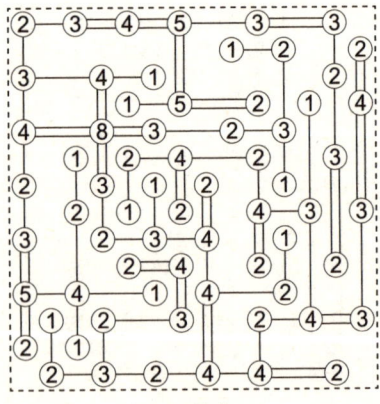

077 答案

080

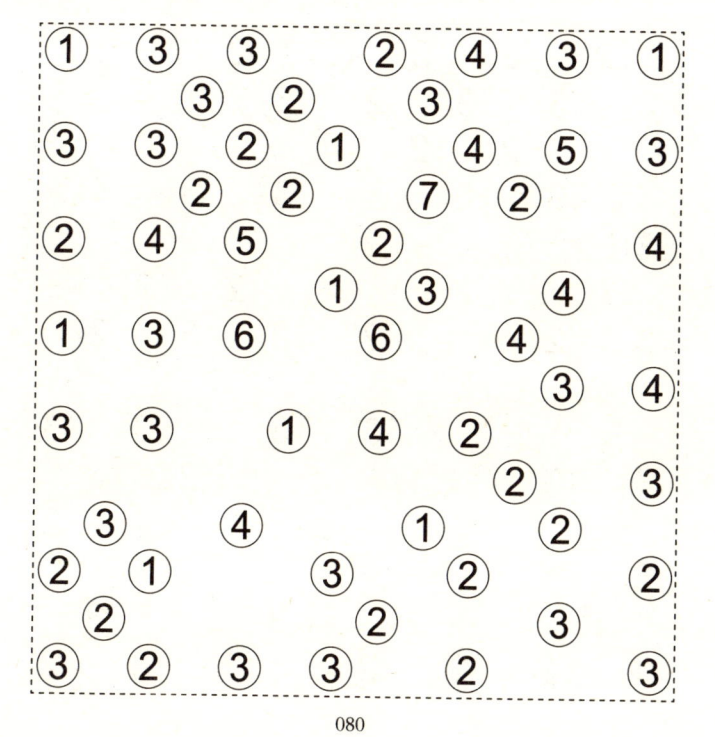

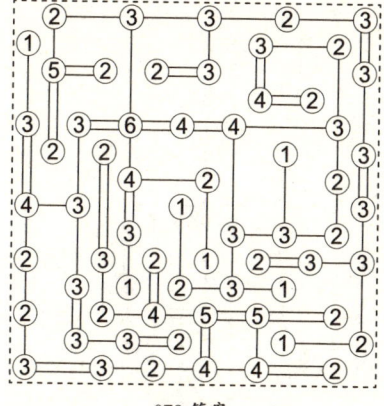

078 答案

081

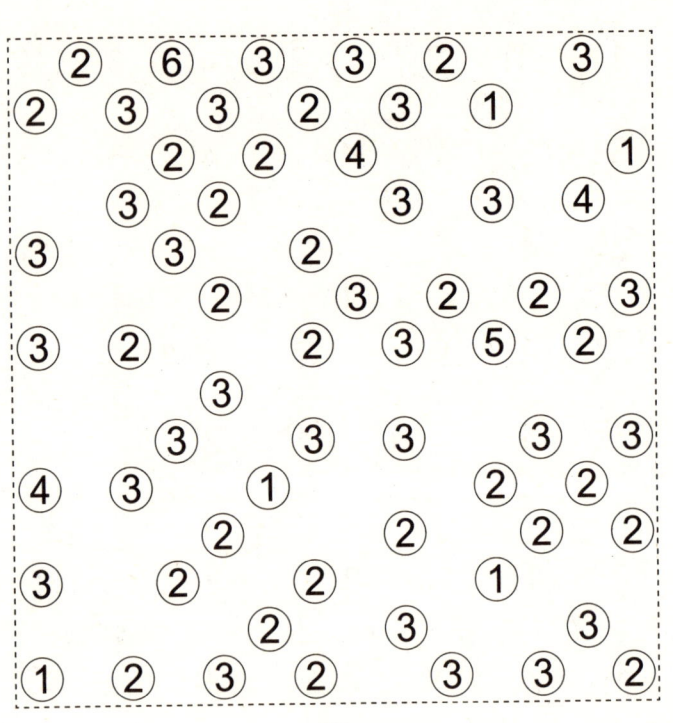

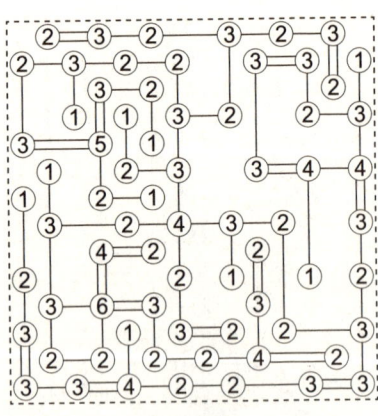

079 答案

082

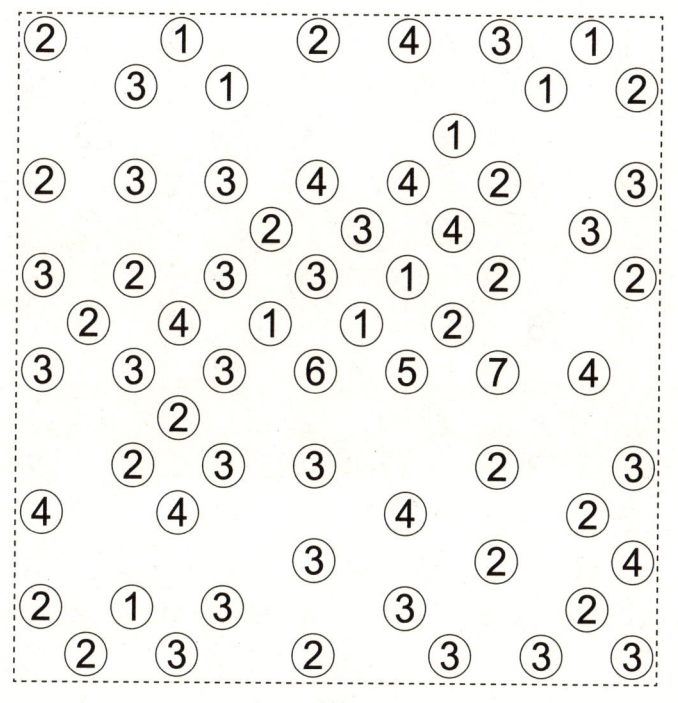

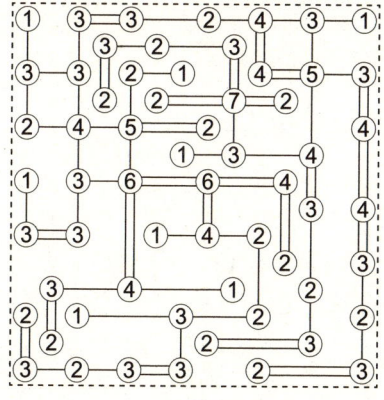

080 答案

083

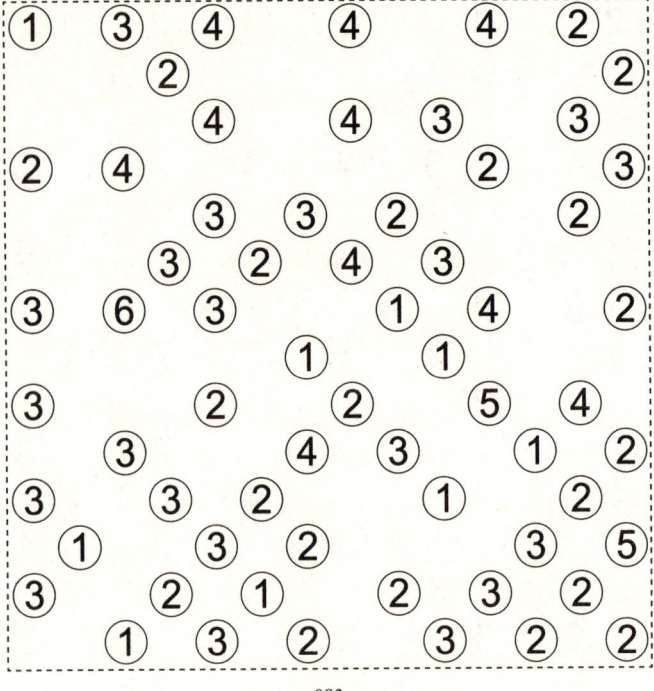

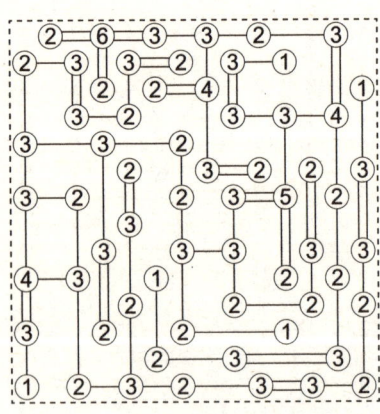

081 答案

084

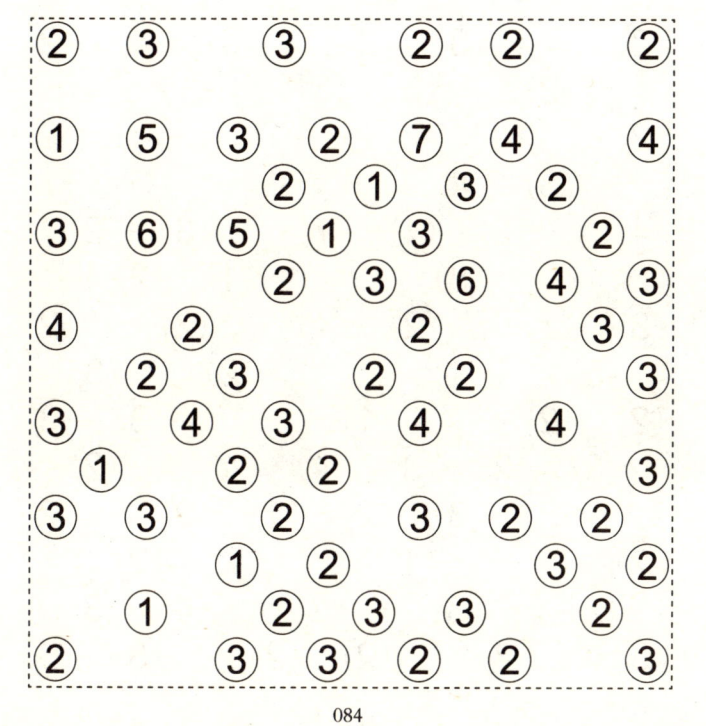

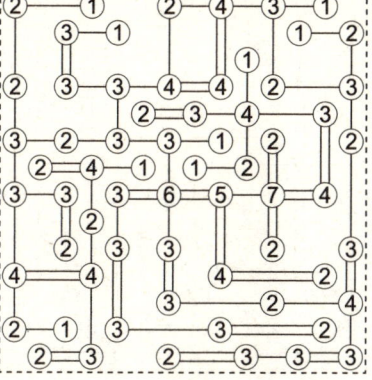

082 答案

第二章 岛练习题及答案 097

085

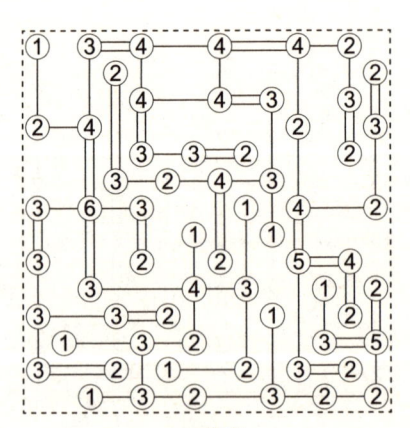

083 答案

086

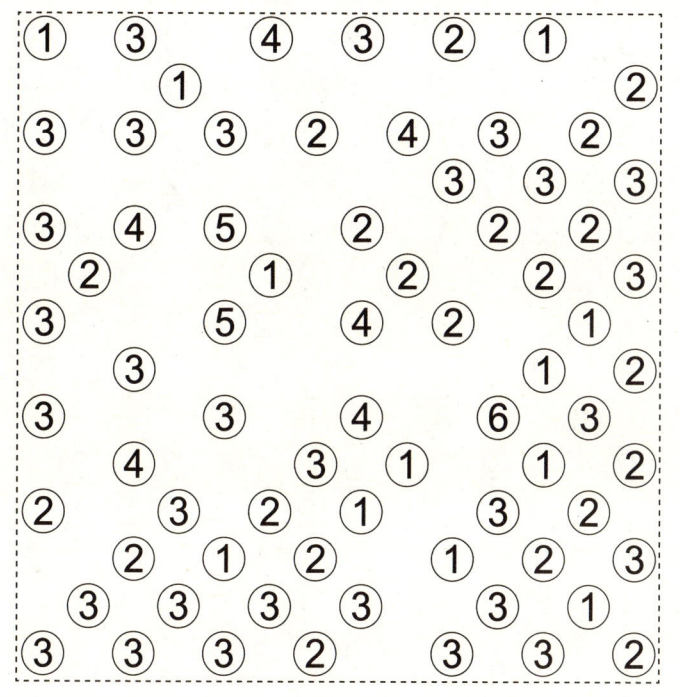

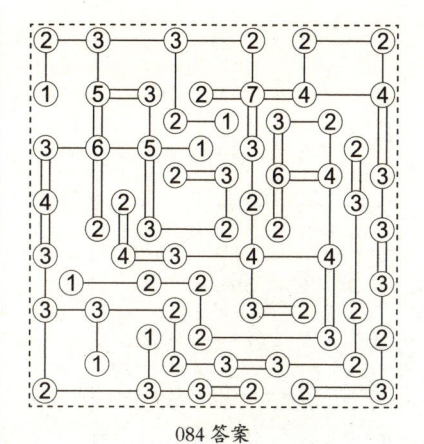

084 答案

087

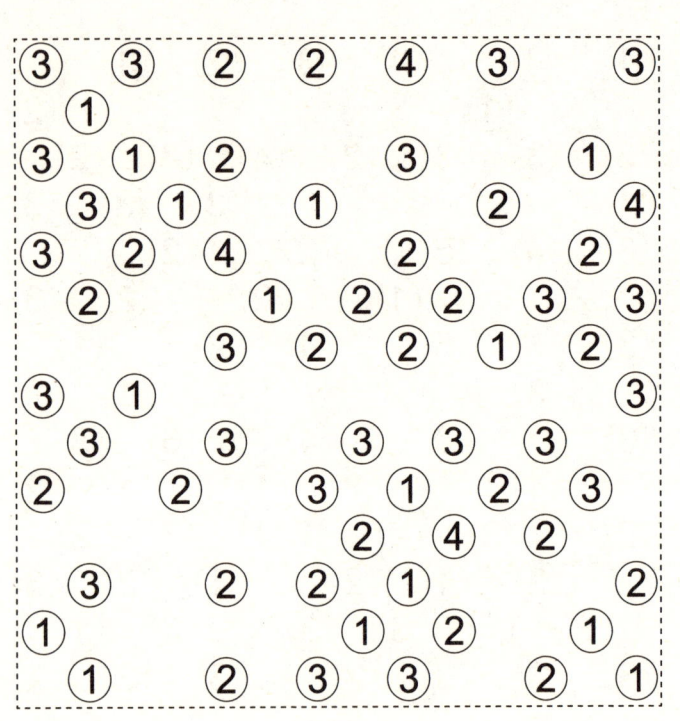

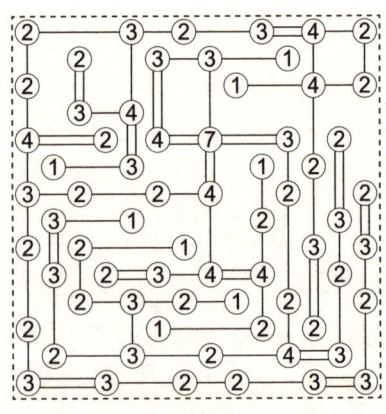

085 答案

088

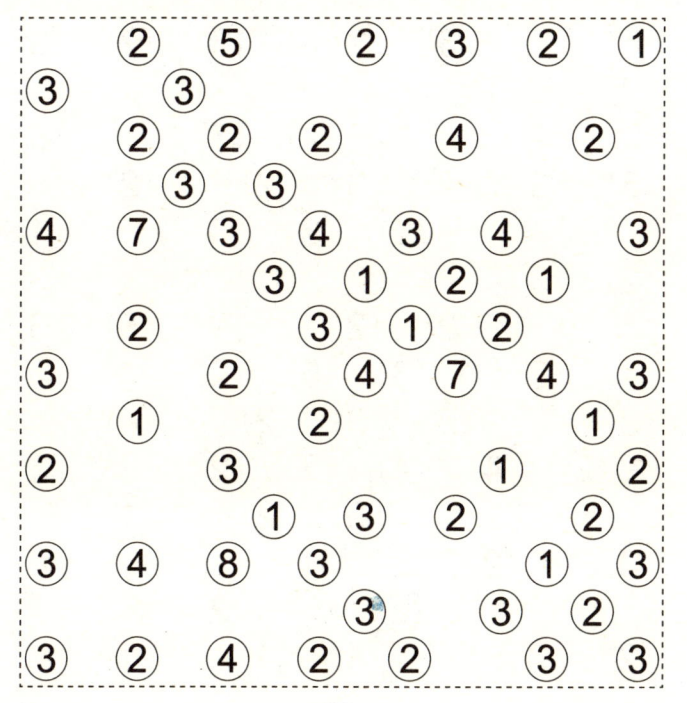

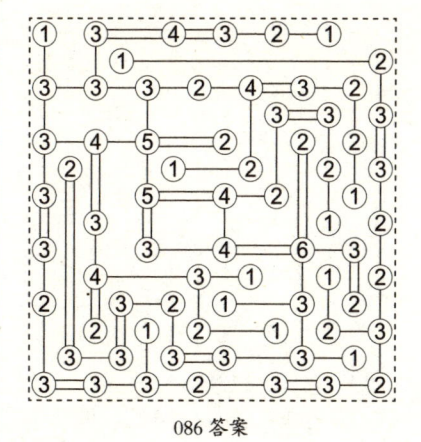

086 答案

089

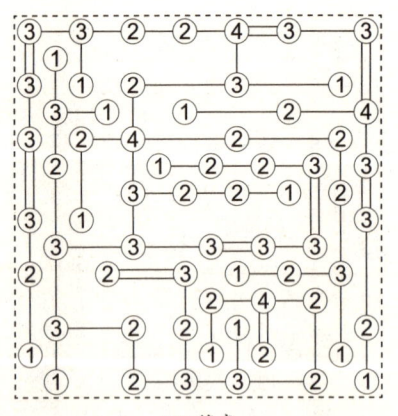

087 答案

090

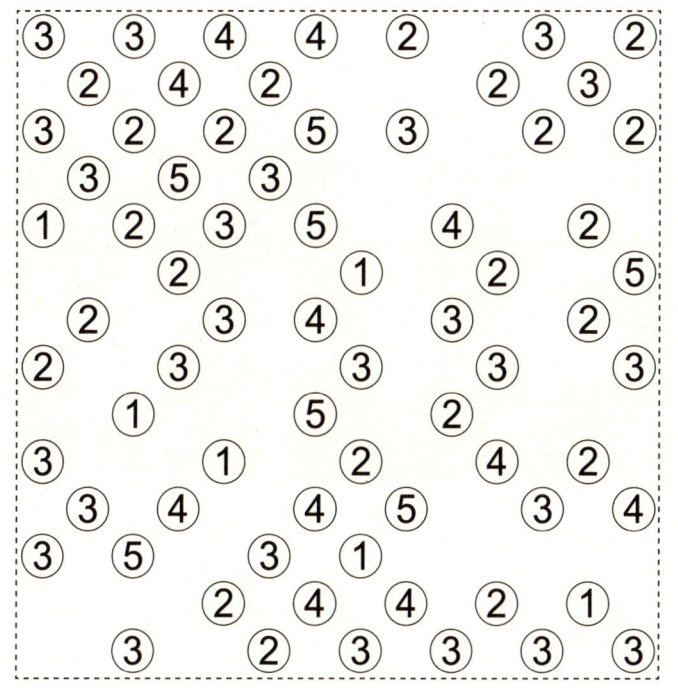

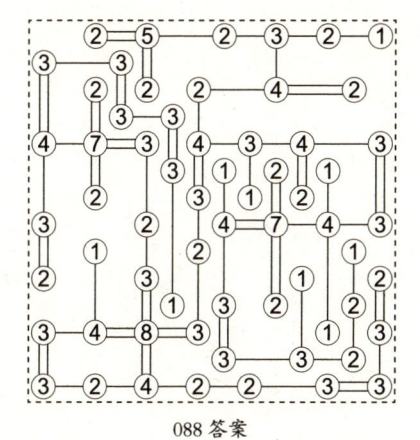

088 答案

第三章

井格练习题及答案

井格规则

　　井格由网格组成，在空白的网格中填入 X 和 O。游戏的目的是将空格填满 X 或 O，使得每行和每列不能多于两个连续的 X 或 O，每行和每列的 X 数量与 O 数量相同，并且所有填满 X 与 O 的行和列都不相同。

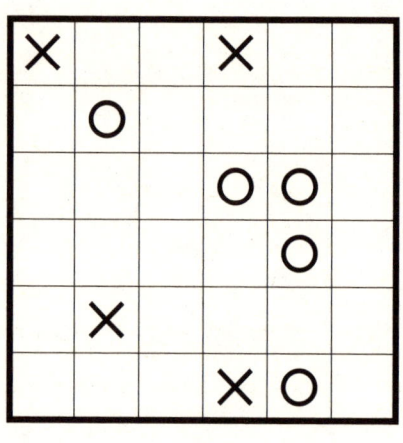

001

009 答案

002

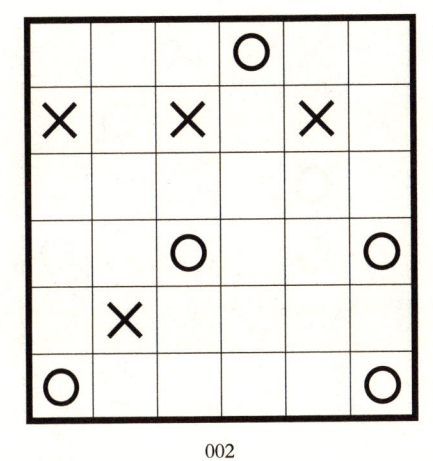

010 答案

第三章 井格练习题及答案　107

003

001 答案

玩出来的逻辑思维 岛谜题

108

004

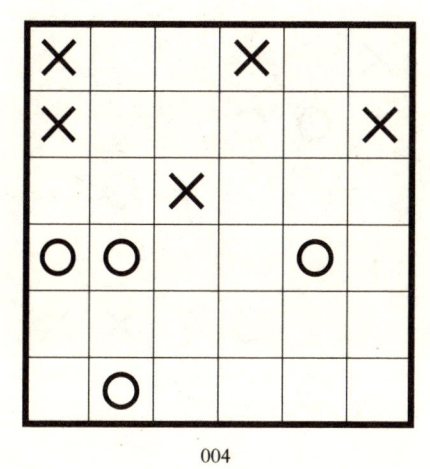

002 答案

第三章 井格练习题及答案 109

005

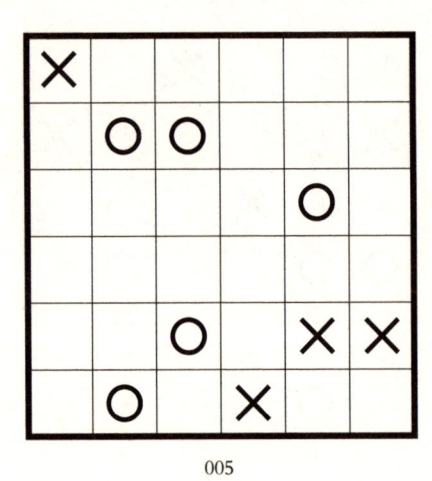

003 答案

006

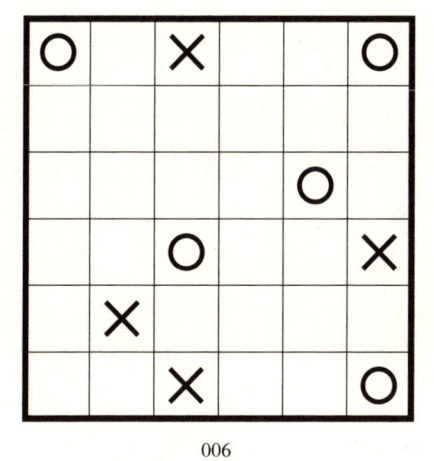

004 答案

007

005 答案

玩出来的逻辑思维 岛谜题

112

008

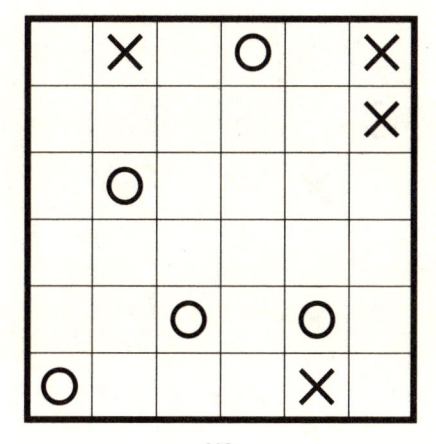

006 答案

009

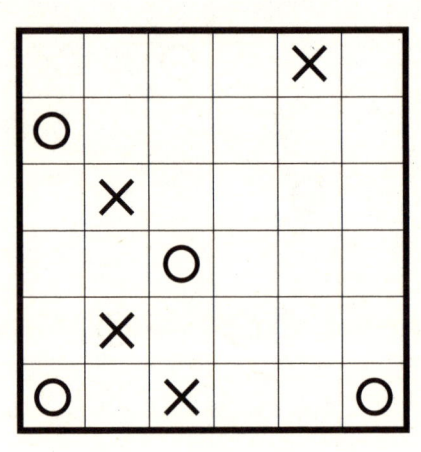

O	X	O	X	O	X
X	O	X	X	O	X
X	O	X	O	X	O
O	X	O	X	X	O
X	O	O	X	X	O
O	X	X	O	X	O

007 答案

玩出来的逻辑思维 岛谜题

114

010

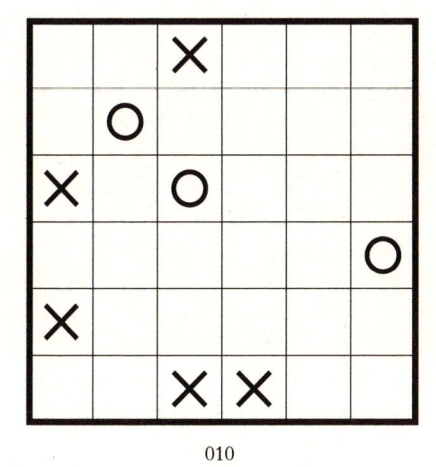

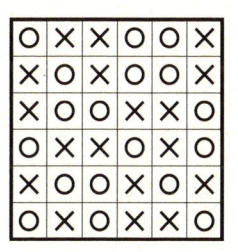

008 答案

O	X	X	O	O	X
X	O	X	O	O	X
X	O	O	X	X	O
O	X	X	O	O	X
X	O	O	X	X	O
O	X	O	X	X	O